神奇大脑系列
SHEN QI DA NAO XI LIE

越玩越聪明的

印度数学

神奇大脑编辑部 编著

江苏凤凰科学技术出版社
·南京·

图书在版编目（CIP）数据

越玩越聪明的印度数学 / 神奇大脑编辑部编著. --
南京：江苏凤凰科学技术出版社, 2020.4
（神奇大脑系列）
ISBN 978-7-5713-0112-5

Ⅰ. ①越… Ⅱ. ①神… Ⅲ. ①古典数学 – 印度 – 普及
读物 Ⅳ. ①O113.51-49

中国版本图书馆CIP数据核字(2020)第044835号

越玩越聪明的印度数学

编　　　著	神奇大脑编辑部	
责 任 编 辑	祝　萍	
助 理 编 辑	向晴云	
责 任 校 对	杜秋宁	
责 任 监 制	方　晨	

出 版 发 行	江苏凤凰科学技术出版社
出版社地址	南京市湖南路 1 号 A 楼，邮编：210009
出版社网址	http://www.pspress.cn
印　　　刷	天津旭丰源印刷有限公司

开　　　本	880 mm × 1 230 mm　1/32
印　　　张	6
字　　　数	178 000
版　　　次	2020年4月第1版
印　　　次	2020年4月第1次印刷

标 准 书 号	ISBN 978-7-5713-0112-5
定　　　价	25.00元

图书如有印装质量问题，可随时向我社出版科调换。

前言

　　印度的小学生能够在两秒内心算出"95×95"的结果，甚至能在几秒内解决复杂的三位数、四位数乘法，而这些题目成年人也要算上半天，真是不可思议。印度人为何会有如此强大的心算能力？这是神奇的魔法吗？

　　事实上，印度人的数学能力在全世界都是首屈一指的。印度是全球 IT 工程师的摇篮，在美国居住的印度人约有 160 万，虽然还不到美国总人口的 1%，但在硅谷的从业人员中，约有 30% 是印度人；在美国科研机构中，约有 12% 的科学家和 36% 的 NASA（美国宇航局）科学家都是印度人。全球竞争力报告指出，在科学家和工程师的可获得指标中，印度均排名世界第一。

　　印度人超强的数学能力来源于神奇的印度数学。印度数学到底因何而神奇？印度数学的神奇源于印度薪尽火传的神秘运算方法，这种运算方法源出古老的《吠陀算经》。

　　印度是世界四大文明发祥地之一，古代的印度人就有着超人的数学天赋，他们发明了现今世界通用的阿拉伯数字。成书于公元前一千年左右的《吠陀经》，和《易经》《圣经》一起，被称为"世界三大经典"，其中有关数学运算法则的经文便被称为《吠陀算经》。现代印度数学家将《吠陀算经》所载的规则和原理发展完善，建立了独特、完备的计算体系，备受世人瞩目，欧洲科学家称赞它是"除计算机外，最快速准确的算术方法"。如今，在欧美和亚洲，研习印度数学的热潮不断兴起，世界上许多著名的大学，如剑桥大学、孟买大学等，都开设了有关印度数学的课程，印度数学读物在韩国和日本更是成了学生和白领追捧的对象。

　　快速而准确是印度数学最大的特点。印度数学不走寻常路，将发散性思维、逆向思维等创造性思维熔于一炉，发明了自己独特的运算方法。其运算的速度大大优于通常的运算方法，因而被称为"吠陀秒算法"。该运算方法主要是教学习者如何跳过思维障碍，缩短运算时逻辑思维的过程，从而提高运算速度，并减少错误的概率。印度数学被美国人誉为"速算数学"，就因为其快速而准确这一特点。

思维定式是人们提升数学能力的最大障碍，循规蹈矩的惯性思维大大拖慢了运算的速度。印度数学中常用的逆向算法、补数算法等运算方法，都旨在教导学习者跳出惯性思维，培养学习者的跳跃式思维，赋予其"一望算式，答案出口"的数学直觉。

本书分四部分循序渐进地介绍了印度数学在加减乘除运算中的妙用，尤其是乘除运算，更是印度数学大显神威的舞台。第一章是入门篇，介绍加减运算中从左至右的逆向速算法；第二章和第三章属进阶篇，介绍印度数学的核心思想之一——补数思想，以及数种针对特殊算式的特别方法；第四章介绍了三种游戏式的简算法，带领学习者认识印度数学轻松有趣的一面：这一章用格子算法、三角魔方等顿悟式的简算方法，告诉学习者数学并不单单是枯燥烦琐的逻辑运算，也可以是手脑并用的数字游戏或趣味十足的脑筋急转弯。数学是一门神奇的学科，不是靠死记硬背和机械式的思维就能学得通的。数学王国中从来就不缺少捷径，缺少的是发现捷径的眼睛。本书所传达给读者的并不仅仅是破解数学运算的公式原理，更是印度数学不走寻常路的创造性思维。它将为你点亮智慧的双眼，激发兴趣与热情，去发现学习乃至生活中的崭新天地。

"吠陀"一词，在印度语中是"知识""光明""智慧"的意思，因此源出《吠陀算经》的印度数学又被称为能给学习者带来"光明"的"智慧数学"。愿这本"智慧数学"能引领你走向知识的"光明"！

CONTENTS

目录

Part 1 从左至右 速算加减

Part 2 运用补数 巧算乘除

Part 3 几类特殊的乘除法运算

Part 4 头脑瑜伽 游戏式运算法

Part 1
从左至右
速算加减

　　印度数学被美国人誉为"速算数学"，它最大的特点就是速度快，"快"得益于其简便的运算方法。印度数学中有许多巧妙的算术诀窍，它们赋予了印度人超人般的运算能力，这是印度人所不为人知的秘密。思维定式阻碍着人们数学潜能的开发，运用印度数学中的这些诀窍，转换解题思路，简化运算方法，就可以使复杂的数学难题变得轻而易举。

1. 从左至右，按位相加

我们做加法时，习惯于从右侧个位加起，和大于10便向前进位。这种算法因为有进位计数的思维过程，容易产生逻辑障碍，导致结果错误。印度数学却是从左侧的百位（以三位数的加法为例）算起，不用考虑进位，大大提升了运算的速度与准确性。

印度算诀

从左至右的加法运算：

步骤1 从左边的高位加起，把各个数位上的数字分别相加；

步骤2 将步骤1得出的和按照数位加在一起。

实战示例

例1 55+26=？

▲解法

❶ 55的十位数是5，26的十位数是2
$5+2=7$

❷ 55的个位数是5，26的个位数是6
$5+6=11$

❸ 将得出的数按数位相加：
$$\begin{array}{r} 7 \\ +\ 11 \\ \hline 81 \end{array}$$

最终答案：81

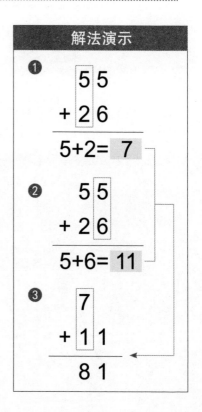

解法演示

❶
$$\begin{array}{r} 5\ 5 \\ +\ 2\ 6 \end{array}$$
$5+2=$ 7

❷
$$\begin{array}{r} 5\ 5 \\ +\ 2\ 6 \end{array}$$
$5+6=$ 11

❸
$$\begin{array}{r} 7 \\ +\ 1\ 1 \\ \hline 8\ 1 \end{array}$$

例2 476+253=?

▲解法

❶ 476的百位数是4，253的
百位数是2
4+2=6

❷ 476的十位数是7，253的
十位数是5
7+5=12

❸ 476的个位数是6，253的
个位数是3
6+3=9

❹ 将得出的数按数位相加：

```
      6
     12
  +   9
   729
```

最终答案：729

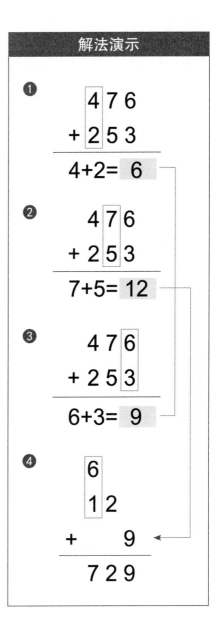

解法演示

❶
```
  476
+ 253
```
4+2= 6

❷
```
  476
+ 253
```
7+5= 12

❸
```
  476
+ 253
```
6+3= 9

❹
```
   6
   12
+     9
  729
```

从左至右算法的一种演变形式，以三位数的加法为例，先用被加数加上加数的百位数，得出的和再加上加数的十位数，然后再加上加数的个位数，就得到了结果。这种方法是把较复杂的三位数的加法，简化成较简单的三位数和两位数、三位数和个位数的加法。

例3 415+657=?

▲解法

❶ 先用前边的数加上后一个数的百位数
415+600=1015

❷ 得出结果，再加上第二个数的十位数
1015+50=1065

❸ 再加上个位数7
1065+7=1072

最终答案：1072

上面的运算过程用一个等式来表示就是：

$$415+654=415+600+50+7$$
$$=1015+50+7$$
$$=1065+7$$
$$=1072$$

解法演示

❶

```
  4 1 5
+ 6 5 7
```
415+600=1015

❷

```
1 0 1 5
+  6 5 7
```
1015+50=1065

❸

```
1 0 1 5
+  6 5 7
```
1065+7=1072

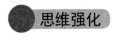

36+25=

答案
❶ 3+2=5,6+5=11
❷   5 +1 1 ——   6 1

88+42=

答案
❶ 8+4=12,8+2=10
❷   1 2 + 1 0 —— 1 3 0

105+168=

答案
105+100+60+8
=205+60+8
=265+8
=273

356+536=

答案
356+500+30+6
=856+30+6
=886+6
=892

❶ 108+189=

❷ 258+147=

❸ 436+328=

❹ 688+149=

❺ 421+547=

❻ 389+876=

参考答案

⑤968　⑥1265

③764　④837

①297　②405

数学魔术家——沙贡塔娜

1981年夏天，印度举行了一场数学比赛。参赛的一方是37岁的印度妇女沙贡塔娜，她以惊人的心算能力而名闻当时，而她的对手，是一台当时很先进的电子计算机。比赛开始前，一名数学教授用了4分钟的时间，在黑板上写下了一个201位的巨大数字，要求比赛的双方求这个数的23次方根。令人不可思议的是，沙贡塔娜只用了50秒的时间就向主持比赛的评委报出了正确的答案！而那台先进的计算机，为了得出答案需要先后输入两万多条指令，所需的时间自然要比沙贡塔娜多得多。

这一奇闻在国际上引起了轰动，人们对印度人超强的心算能力叹为观止，沙贡塔娜更是被称为"数学魔术家"。

2.一增一减，化繁为简

补数，是将一个数凑成整十、整百、整千之类的数所需要的数，如98加上2可变成100，2就是98的补数。运用补数，是印度数学能够实现速算的一个重要秘诀。在需要进位的加法运算中使用补数，可以省去进位计数的逻辑思维过程，减少出现错误的概率，提升运算的速度和准确性。

简单的加法，用不用补数区别不大，但在需要进位的加法运算中使用补数，效果就很明显了。如3999+467，几乎每个数位都需要向前进位，记起来很麻烦。但如果运用补数，把3999变成4000来运算，那题目就简单至极了。

印度算诀

需要进位的加法运算：

步骤1 将一个加数加上补数凑成整十、整百、整千的数；

步骤2 从另一个加数中减去这个补数；

步骤3 将前两步的得数相加。

例1 28+53=?

▲解法

1 28比53更接近整十数，用28加上补数2

28+2=30

2 从53中减去2

53−2=51

3 前两步的得数相加

30+51=81

最终答案：81

解法演示

$$2\ 8$$
$$+\ 5\ 3$$

1 28+ 2 =30

2 53- 2 =51

3
$$3\ 0$$
$$+\ 5\ 1$$
$$8\ 1$$

三位数、四位数加法是否也可以利用补数化简呢？当然可以，越复杂的题目，补数的作用也越大。

例2　195+357=？

▲解法

❶ 195比357更接近整百数，用195加上补数5
195+5=200
注意：虽然357和整十数360只相差3，但是，这道题将195转化成整百数会更简便。

❷ 从357中减去5
357−5=352

❸ 前两步的得数相加
200+357=552

最终答案：552

解法演示

$$195$$
$$+\ 357$$

❶ $195+\boxed{5}=200$

❷ $357-\boxed{5}=352$

❸
$$200$$
$$+\ 352$$
$$552$$

例3　9997+234=?

▲解法

❶ 9997比234更接近整万数，
用9997加上补数3
9997+3=10000

❷ 从234中减去3
234−3=231

❸ 前两步的得数相加
10000+231=10231

最终答案：10231

解法演示

$$9997$$
$$+\quad 234$$

❶ 9997+ 3 =10000

❷ 234- 3 =231

❸ 　　　10000
　　+　　231
　　　　10231

斐波那契数列

　　斐波那契数列又称黄金分割数列，指的是这样一个数列：0、1、1、2、3、5、8、13、21……这个数列从第三项开始，每一项都等于前两项之和。假设这个数列的第n项的值是F(n)，这里n是大于等于2的自然数，那么可得公式：$F(n)=F(n-1)+F(n-2)$。

49+36=

98+27=

答案

1 49+1=50

2 36-1=35

3 50+35=85

最终答案：85

答案

1 98+2=100

2 27-2=25

3 100+25=125

最终答案：125

158+38=

1899+56=

答案

1 158+2=160

2 38-2=36

3 160+36=196

最终答案：196

答案

1 1889+1=1900

2 56-1=55

3 1900+55=1955

最终答案：1955

即学即用

❶ 27+52=

❷ 47+35=

❸ 98+27=

❹ 96+25=

● 109+57=

❻ 158+32=

❼ 195+357=

❽ 1895+56=

❾ 2396+77=

❿ 9998+324=

参考答案

⑨2473　⑩10322
⑦552　⑧1951
⑤166　⑥190
③125　④121
①79　②82

19

高斯的故事

高斯念小学的时候，有一次老师教完加法后想要休息，便出了一道题目要学生算。题目是：求1+2+3+……+97+98+99+100 的值。

老师心想，这下子学生们一定要算到下课了吧！他正要趁机出去休息时，高斯却站起来说出了答案：5050。老师十分惊讶，就让高斯告诉大家他是如何算出来的。高斯讲出了自己的算法：把 1加至100 与 100 加至1排成两排相加，即

1+2+3+4+……+96+97+98+99+100

+

100+99+98+97+……+4+3+2+1

=101+101+101++101+……+101+101+101+101

共有100个101相加，但算式重复了一次，所以把101乘以100再除以 2，便得到了答案：5050。

求1+2+3+……+n的和的公式：
$$S=n(n+1)/2$$

3. 需要借位的减法速算

补数法同样适用于减法运算，在需要借位的减法运算中使用补数，可以省去借位的逻辑思维过程，更准确迅速地得出结果。

印度算诀

需要借位的减法运算：

步骤1 将被减数分解成两部分：整十、整百或整千数（小于被减数）和余下的数；

步骤2 将减数分解成两部分：整十、整百或整千数（大于减数）和补数；

步骤3 将前两步中的整十、整百或整千数相减，将余下的数和补数相加；

步骤4 将步骤3中的两个结果相加。

实战示例

例1　52-8=?

▲ 解法

❶ 将被减数52分解成整十数50和余下的数2
52→50　2

❷ 将减数8分解成整十数10和补数2
8→10　2

❸ 整十数50减去10，余下的数2加上补数2
50-10=40　　2+2=4

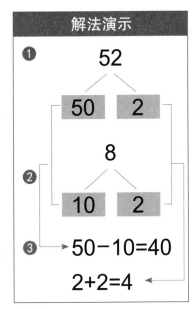

解法演示

❶ 52
50　2

8
❷ 10　2

❸ 50-10=40
2+2=4

4 将40和4相加

40+4=44

提示：当52－8变成50－10
后，被减数比原来少2，减
数比原来多2。因此，要在
50－10的基础上加4。

最终答案：44

解法演示

4 40+4=44

例2　47－18=?

▲解法

1 将被减数47分解成整十数
40和余下的数7

47→40　7

2 减数18分解成整十数20和
补数2两部分

18→20　2

3 整十数40减去20，余下的
数7加上补数2

40－20=20　　　7+2=9

4 将20和9相加

20+9=29

最终答案：29

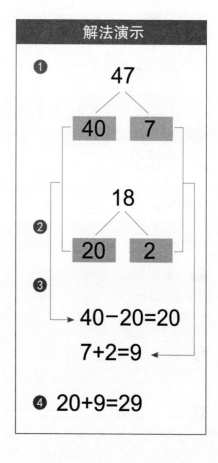

解法演示

1
47

40　7

18

2
20　2

3
40－20=20

7+2=9

4 20+9=29

例3 113－59=?

▲解法

❶ 将被减数113分解成整百数
100和余下的数13
113→100　13

❷ 将减数59分解成整十数60
和补数1
59→60　1

❸ 整百数100减去整十数60，
余下的数13加上补数1
100－60=40　　13+1=14

❹ 将40和14相加
40+14=54

最终答案：54

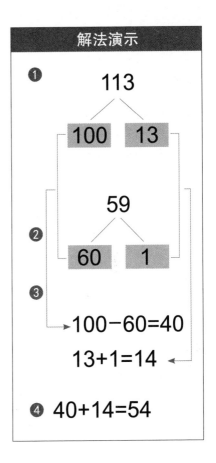

解法演示

❶
113

100　13

❷
59

60　1

❸
100－60=40

13+1=14

❹ 40+14=54

例4　435−146=?

▲解法

❶ 将被减数435分解成整百数
400和余下的数35两部分
435→400　35

❷ 将减数146分解成整十数150
和补数4两部分
146→150　4

❸ 整百数400减去整十数150，
余下的数35加上补数4
400−150=250　　35+4=39

❹ 将250和39相加
250+39=289

最终答案：289

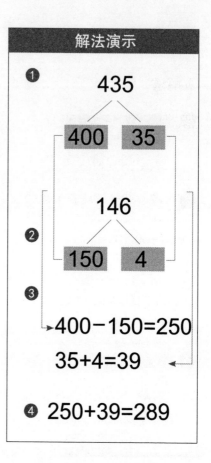

解法演示

❶
435
400　35

❷
146
150　4

❸
400−150=250
35+4=39

❹ 250+39=289

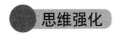 思维强化

74−9=

答 案
1 74→70 4
2 9→10 1
3 70-10=60
4+1=5
4 60+5=65
最终答案：65

801−65=

答 案
1 801→800 1
2 65→70 5
3 800-70=730
1+5=6
4 730+6=736
最终答案：736

91−53=

答 案
1 91→90 1
2 53→60 7
3 90-60=30
1+7=8
4 30+8=38
最终答案：38

812−298=

答 案
1 812→800 12
2 298→300 2
3 800-300=500
12+2=14
4 500+14=514
最终答案：514

❶ 42−8=

❷ 84−9=

❸ 37−19=

❹ 91−33=

❺ 103−59=

❻ 601−65=

❼ 535−147=

❾ 812−498=

❾ 1622−37=

❿ 2561−489=

加减乘除的来历

加减乘除（＋、－、×、÷）等数学符号是我们每一个人都熟悉的符号，不光在数学学习中离不开它们，日常生活中也离不开它们。你知道吗，这些符号直到17世纪中叶才全部形成。

法国数学家许凯在1484年写成的《算术三编》中，使用了一些编写符号，如用D表示加法，用M表示减法。"＋"和"－"这两个符号最早出现在德国数学家维德曼写的《商业速算法》中，他用"＋"表示超过，用"－"表示不足。到1514年，荷兰的赫克首次用"＋"表示加法，用"－"表示减法。1544年，德国数学家施蒂费尔在《整数算术》中正式用"＋"和"－"表示加减，这两个符号逐渐被公认为真正的算术符号，被广泛采用。

以符号"×"代表乘是英国数学家奥特雷德首创的。他于1631年出版的《数学之钥》中引入这种记法。据说是由加法符号"＋"变动而来，因为乘法运算是从相同数的连加运算发展而来的。后来，莱布尼茨认为"×"容易与字母"X"混淆，建议用"·"表示乘号，这样，"·"也得到了承认。除法符号"÷"是英国的瓦里斯最初使用的，后来在英国得到了推广。除的本意是分，符号"÷"中间的横线把上、下两部分分开，形象地表示了"分"。至此，四则运算符号就齐备了。

4. 个位数从 10 减，其他从 9 减

一般情况下，我们从10、100、1000、10000等当中减去一个数的时候，都习惯于从右边的个位数开始减，当数小减不了的时候，通过从前面的数中借1作10来计算。

但是印度数学不同，它从左边开始减。方法是：最后一位数从个位数10中减，其他数都从9中开始减。看起来好像没有多大区别，但这种方法省去了借位计数的思维过程，在实际应用中，十分快速简单。

印度算诀

被减数为10、100、1000等数字时的减法运算：

步骤1 去掉被减数第一位数字1，将个位上的0变成10，其余数位上的0都变成9；

步骤2 按照数位，从左至右依次相减；

步骤3 将步骤2所得的数字按照数位写在一起。

实战示例

例1 100－46=?

▲解法

❶ 从左边开始减，去掉第一个数字1，十位变成9，个位变成10

❷ 前面的用9减，最后一位用10减
9-4=5,10-6=4
最终答案：54

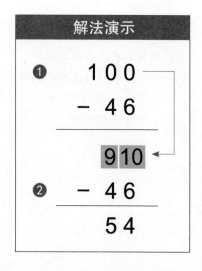

解法演示

❶
$$\begin{array}{r} 1\ 0\ 0 \\ -\ \ 4\ 6 \end{array}$$

9 10

❷
$$\begin{array}{r} -\ \ 4\ 6 \\ \hline 5\ 4 \end{array}$$

乍看之下，你会觉得"个位从10减，其他从9减"这种减法运算方法的运算过程，和我们常用的借位计算法区别不大，但是，这种速算法的核心是跳过借位的步骤，直接计算结果。比如计算1000-666，按照常用方法每一步都需要借位，形成计算习惯之后大大阻碍运算速度。而运用本节的方法，不用考虑借位，遇到这类题目可以直接求结果，熟练之后能极大地提升心算速度。

例2　1000−659=?

▲解法

❶ 从左边开始减，去掉第一个数字1，百位和十位变成9，个位变成10

❷ 前面的数都用9减，最后一位用10减
9-6=3，9-5=4，10-9=1

最终答案：341

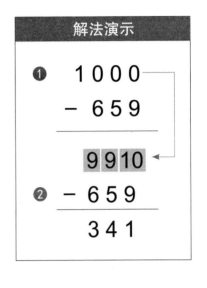

解法演示

❶　1000
　−　659

　　9 9 10

❷　− 6 5 9

　　3 4 1

第一节"从左至右，按位相加"中讲述的按数位分步相加的加法运算方法，同样也适用于减法运算。例如，1000-659这道题目，在运算时可按照数位分步相减：

1000-659=1000-600-50-9
　　　　　=400-50-9
　　　　　=350-9
　　　　　=341

有人可能会问，遇到如1000-74这种情况，减数比被减数少两位数，应该怎么办呢？像这种情况，只需要在减数前面加0补足位数就可以了。

例3 1000-74=?

▲解法

❶ 在74前面补0，1000-74就变成了1000-074

❷ 从左边开始减，去掉千位的1，前面的用9减，最后一位用10减
9-0=9，9-7=2，10-4=6

最终答案：926

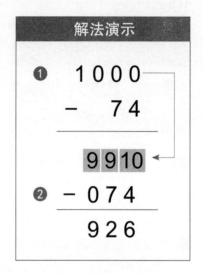

解法演示

❶
```
  1000
-   74
```

```
  9910
```
❷
```
- 074
```
```
  926
```

减法的性质

减法有以下几种运算性质：

①某数减去一个数，再加上同一个数，某数不变：$(a-b)+b=a$；

②n个数的和减去一个数，可以从任何一个加数里减去这个数（在能减的情况下），再同其余的加数相加：$(a+b+c)-d=(a-d)+b+c$；

③一个数减去两个数的差，可以从这个数里减去差里的被减数（在能减的情况下），再加上差里的减数：$a-(b-c)=a-b+c$。

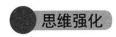

100－53＝

答 案	
❶	100
	－ 53
❷	9 10
	－ 5 3
	4 7

1000－654＝

答 案	
❶	1000
	－ 654
❷	9 9 10
	－ 6 5 4
	3 4 6

100－78＝

答 案	
❶	100
	－ 78
❷	9 10
	－ 7 8
	2 2

1000－386＝

答 案	
❶	1000
	－ 386
❷	9 9 10
	－ 3 8 6
	6 1 4

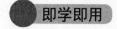
即学即用

❶ 100–25=   **❷** 1000–466=

❸ 1000–868=   **❹** 1000–63=

❺ 10000–3896=   **❻** 10000–432=

"0"的故事

　　"0"是印度—阿拉伯数字里不可缺少的一员。有了"0"，我们在记数、读数等方面会方便很多。"0"是印度人发明的，后来传入了欧洲，被广泛使用。它传入欧洲的过程却很曲折。

　　中世纪早期欧洲的数学家们是不知道用"0"的，他们使用罗马数字，在这种数字的应用里，不需要"0"这个数字。当时罗马帝国的一位学者在印度计数法里发现了"0"这个符号。他发现，有了"0"，数学运算就方便多了，便把印度人使用"0"的方法介绍给了欧洲的数学家。这件事很快被当时的罗马教皇知道了。教皇非常恼怒，他斥责说，神圣的罗马数字是上帝创造的，在上帝创造的数字里没有"0"这个怪物，谁要把它引进来，谁就是在亵渎上帝！中世纪的欧洲，罗马教皇的权力比皇帝还要大，他下令把介绍"0"的学者抓了起来，施以酷刑，并明令禁止人们使用"0"。然而欧洲的数学家们不管禁令，在数学研究中仍然秘密地使用"0"，用"0"做出很多数学上的巨大贡献。后来"0"在欧洲被广泛使用，而罗马数字却逐渐被淘汰了。

复习与检测

1. 加法运算

从左至右，按位相加

> 55+26=?
>
> 解法：
> ① 55的十位数是5，26的十位数是2
> 5+2=7
> ② 55的个位数是5，26的个位数是6
> 5+6=11
> ③ 将得出的数按照数位相加：
>
> $$\begin{array}{r} 7 \\ +\ 11 \\ \hline 81 \end{array}$$
>
> 最终答案：81

一增一减，化繁为简

存在进位情况的加法：一个加数加上补数变成整十、整百或整千数，另一个加数减去这个补数。

> 28+53=?
>
> 解法：
> ① 28比53更接近整十数，用28加上补数2
> 28+2=30
> ② 从53中减去2
> 53-2=51
> ③ 前两步的得数相加
> 30+51=81
> 最终答案：81

❶ 39+26=

❷ 18+54=

❸ 47+78=

❹ 58+87=

❺ 75+46=

❻ 99+36=

❼ 95+127=

❽ 494+268=

❾ 1087+67=

❿ 8496+365=

2. 减法运算

需要借位的减法运算

存在借位情况的减法：被减数分解成比它小的整十、整百或整千数和余数，减数分解成比它大的整十、整百或整千数和补数。

52–8=?

解法：
① 将被减数52分解成整十数50和余下的数2

52→50　2

② 将减数8分解成整十数10和补数2

8→10　2

③ 整十数50减去10，余下的数2加上补数2

50–10=40　　　2+2=4

④ 将40和4相加

40+4=44

提示：当52–8变成50–10后，被减数比原来少2，减数比原来多2。因此，要在50–10的基础上加4。

最终答案：44

个位从10减，其他从9减

100–46=?

解法：
① 从左边开始减，去掉第一个数字1，十位变成9，个位变成10
② 前面的用9减，最后一位用10减

9–4=5,10–6=4

最终答案：54

❶ 64−9=

❷ 83−4=

❸ 36−17=

❹ 74−48=

❺ 565−89=

❻ 923−65=

❼ 382−246=

❽ 100−54=

❾ 1000−682=

❿ 1000−85=

参考答案

①55
②79
③19
④26
⑤476
⑥858
⑦136
⑧46
⑨318
⑩915

Part 2
运用补数
巧算乘除

印度数学有着系统的补数运用方法，"补数思想"是印度式速算的核心思想之一，生动地体现着印度数学的系统性。上一章介绍了补数在加减运算中的应用，其实乘除运算，才是补数大显神威的舞台，展现着"补数思想"的精髓。灵活运用补数，能极大地简化乘除运算，让你可以很快说出复杂算式的结果。

1. 补数在乘法中的应用

补数思想并不仅仅是加上或者减去某个数凑成整十、整百或整千的数这么单一，它作为印度数学的核心思想之一，有着多种衍变形式。运用之妙，存乎一心。只要能够发散思维，活学活用，便能在面对复杂的运算时无往不利。下面就讲述几种乘法运算中常见的补数运用方法，学习时注意根据算术诀窍，总结其中的规律。

● 两个乘数间存在整十、整百、整千数

在乘法计算题中，如果两个乘数的中间数是整十、整百或者整千数，这道题便可以简算了。举个例子：乘法算题17×23，因为17和23的中间数是整十数20，我们能够利用补数思想瞬间求出结果。

印度算诀

被乘数和乘数的中间数存在整十、整百或整千数的乘法运算：

步骤1 找到被乘数和乘数的中间数——也就是那个整十、整百或整千数，并求这个中间数的平方；

步骤2 求被乘数（或乘数）与中间数的差，并求差的平方；

步骤3 用步骤1的得数减去步骤2的得数。

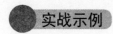 实战示例

例1　17×23=?

▲解法

❶ 被乘数17和乘数23的中间数是20，求20的平方
$20^2=20 \times 20=400$

❷ 被乘数17（或乘数23）与中间数20的差是3，求3的平方
$3^2=3 \times 3=9$

❸ 用400减去9
$400-9=391$

最终答案：391

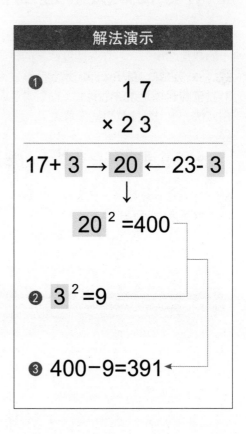

解法演示

❶
$$\begin{array}{r} 1\ 7 \\ \times\ 2\ 3 \end{array}$$

$17+3 \rightarrow 20 \leftarrow 23-3$
↓
$20^2=400$

❷ $3^2=9$

❸ $400-9=391$

例2 96×104=?

▲解法

1 被乘数96和乘数104的中间数是100，求100的平方
$100^2=100 \times 100=10000$

2 被乘数96（或乘数104）与中间数100的差是4，求4的平方
$4^2=4 \times 4=16$

3 用10000减去16
$10000-16=9984$

最终答案：9984

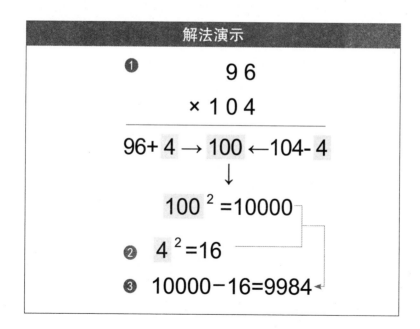

解法演示

1
$$9\,6$$
$$\times\,1\,0\,4$$

$$96+4 \to 100 \leftarrow 104-4$$
$$\downarrow$$
$$100^2=10000$$

2 $4^2=16$

3 $10000-16=9984$

例3 148×152=?

▲解法

❶ 被乘数148和乘数152的中间数是150，求150的平方
150²=150×150=22500

❷ 被乘数148（或乘数152）与中间数150的差是2，求2的平方
2²=2×2=4

❸ 22500−4=22496

最终答案：22496

解法演示

❶
$$148$$
$$×152$$

148+ 2 → 150 ←152- 2
↓
150 ² =22500 ⌐
❷ 2 ² =4
❸ 22500−4=22496 ◄

想一想，这种简算法合理吗？如果你了解平方差公式（$a+b$）×（$a-b$）=a^2-b^2，你就会发现本节所讲述的印度数学速算方法其实就是对平方差公式的完美应用。如例1"17×23"可用平方差公式表示如下：

$$17 \times 23=（20-3）\times（20+3）=20^2-3^2=391$$

这是一种来源于几何的计算方法，将其用计算长方形面积的方法演示出来，就直观易懂了。

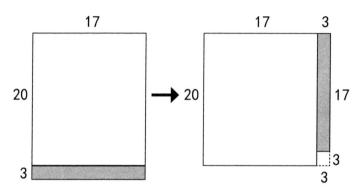

如上图，长23、宽17的长方形，它的面积是：23×17=391。

将阴影部分移到箭头所示的位置后，新图形是一个边长20的大正方形残缺了一个边长为3的小正方形。这个新图形的面积等于大正方形的面积减去小正方形的面积：

大正方形的面积：20×20=400⋯⋯⋯⋯⋯⋯⋯对应步骤❶

小长方形的面积：3×3=9⋯⋯⋯⋯⋯⋯⋯⋯⋯对应步骤❷

新图形的面积：400-9=391⋯⋯⋯⋯⋯⋯⋯⋯对应步骤❸

即：23×17=20×20-3×3=400-9=391

结果和原长方形的面积相等，解答过程和印度数学简算法的计算过程完全相同。

借助平面图形分析印度数学简算法的方式意义非凡。印度数学提供的简算法是一种抽象的数学运算法则，它训练左脑的数理思维能力，是激发左脑的"瑜伽运动"；而画出图形、分析图形却是开发右脑的有效手段，是锻炼右脑机能的"瑜伽操"。所以，在完成上述论证的同时，你其实已经练习了一套"全脑瑜伽"。

28×32=

答案

① 28和32的中间数是30
30 × 30=900

② 28与32与30的差都是2
2 × 2=4

900−4=896

③ 最终答案：896

97×103=

答案

① 97和103的中间数是100
100 × 100=10000

② 97与103与100的差都是3
3 × 3=9

10000−9=9991

③ 最终答案：9991

36×44=

答案

① 36和44的中间数是40
40 × 40=1600

② 36与44与40的差都是4
4 × 4=16

③ 1600−16=1584
最终答案：1584

999×1001=

答案

① 999和1001的中间数是1000
1000^2=1000000

② 999与1001与1000的差都是1
1 × 1=1

③ 1000000−1=999999
最终答案：999999

❶ 17 × 23=

❷ 27 × 33=

❸ 38 × 42=

❹ 55 × 65=

❺ 79 × 81=

❻ 95 × 105=

❼ 107 × 113=

❽ 148 × 152=

❾ 992 × 1002=

❿ 1985 × 2015=

参考答案

❿3999775

❾993984

❽22496

❼12091

❻9975

❺6399

❹3575

❸1596

❷891

❶391

45

● 至少有一个乘数接近100

进行两位数乘法运算时，如果至少有一个乘数接近100，运算便能得到化简。那么，什么数是接近100的数呢？这里，我们默认大于90的两位数是接近100的数。

印度算诀

至少有一个乘数接近100的两位数乘法：

步骤1 以100为基数，分别找到被乘数和乘数的补数；

步骤2 用被乘数减去乘数的补数（或者用乘数减去被乘数的补数），把差写下来；

步骤3 两个补数相乘；

步骤4 将步骤3的得数直接写在步骤2的得数后面。

奇妙的对称

数字1的乘法十分有趣，任意两个只含数字1的数（其中一个数不超过9位）相乘，所得的积从左向右由1递增至最大的数字后，又递减至1，最大数字两侧的数字总是对称的：

$11 \times 11 = 121$

$111 \times 111 = 12321$

$1111 \times 1111 = 1234321$

……

$111111111 \times 111111111 = 12345678987654321$

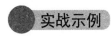 实战示例

例1 91×91=?

▲解法

① 以100为基数，被乘数和乘数同为91，它们的补数相同，都是9
91→9
91→9

② 用被乘数91减去乘数91的补数9
91−9 = 82

③ 两个补数9相乘
9 × 9=81

④ 将81直接写在82后面

最终答案：8281

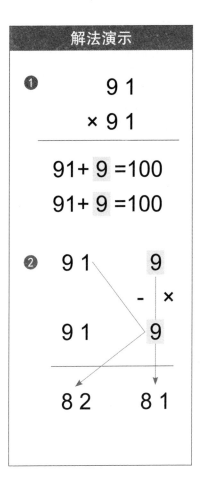

解法演示

①
$$91$$
$$\times\ 91$$

91+ 9 =100
91+ 9 =100

②
```
91        9
        - ×
91        9
        —————
82       81
```

例2 55×95=?

▲解法

① 以100为基数,被乘数55的补
数是45,乘数95的补数是5
55→45
95→5

② 用被乘数55减去乘数95的
补数5
55−5 = 50

③ 补数45和5相乘
45 × 5=225

④ 在50后面直接写下225,并将
百位上的2进位到50的个位

最终答案:5225

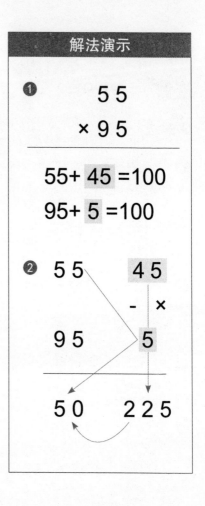

解法演示

注意: 当补数的乘积达到100后,
记得向前进位!

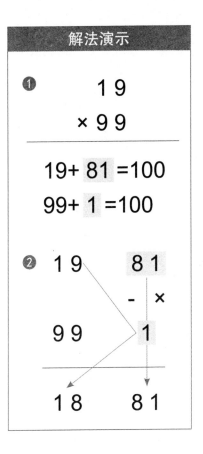

例3 19×99=?

▲解法

❶ 以100为基数，被乘数19的补数是81，乘数99的补数是1
19→81
99→1

❷ 用被乘数19减去乘数99的补数1
19−1 = 18

❸ 补数81和1相乘
81 × 1=81

❹ 在18后面直接写下81

最终答案：1881

解法演示

❶
$$\begin{array}{r} 19 \\ \times\ 99 \end{array}$$

19+ 81 =100
99+ 1 =100

❷
19   81
−   ×
99   1

18   81

这种简算法的原理可以用计算图形面积的几何方式来解析。

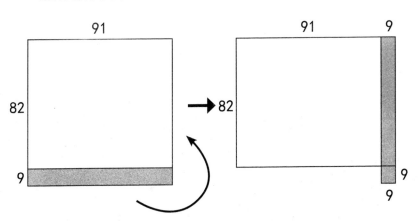

如上页图所示，边长为91的正方形，它的面积是91×91=8281。

将阴影部分移到箭头所示位置后，原正方形变成由两部分组成的新图形，这两部分分别是：长100（91+9=100）、宽82（91-9=82）的长方形和边长为9的小正方形。求新图形的面积时，只需将这两部分的面积相加。

长方形的面积：82×100=8200··················对应步骤❷

小正方形的面积：9×9=81·······················对应步骤❸

新图形的面积：8200+81=8281··················对应步骤❹

新图形面积与原正方形面积相等。计算过程与印度数学简算法过程一致。

提示： 步骤❶去哪儿了呢？移接图形的过程恰与步骤❶对应。

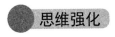

82×92=

64×94=

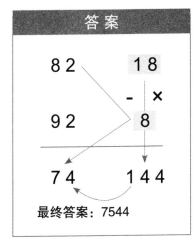

最终答案: 7544

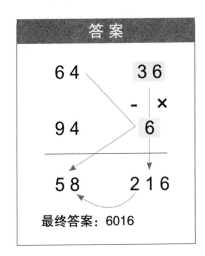

最终答案: 6016

73×93=

46×96=

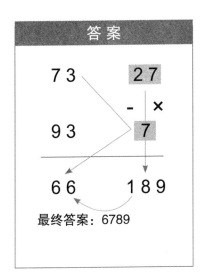

最终答案: 6789

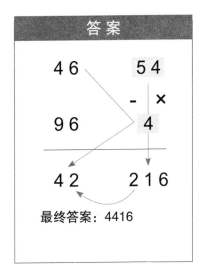

最终答案: 4416

❶ 92 × 94 =

❷ 85 × 92 =

❸ 78 × 93 =

❹ 65 × 94 =

❺ 55 × 95 =

❻ 66 × 95 =

❼ 37 × 97 =

❽ 28 × 98 =

❾ 17 × 98 =

● 当5遇上偶数

我们知道5×2=10，25×4=100，125×8=1000，利用5和偶数相乘得整十、整百、整千数的规律，我们可以简化大量乘法题目。

印度算诀

个位是5的数和偶数相乘：

步骤1 偶数除以2或者4或者8；

步骤2 个位是5的数相应地乘以2或者4或者8；

步骤3 将前两步的结果相乘。

奇妙的25

任何一个自然数和25相乘，只需在这个数字的后面加两个0，然后再除以4，得到的数字就是它与25的乘积。

实战示例

例1 22×15=?

▲解法

1 22是偶数，除以2
22÷2=11

2 15个位数是5，乘以2
15×2=30

3 11和30相乘
11×30=330

最终答案：330

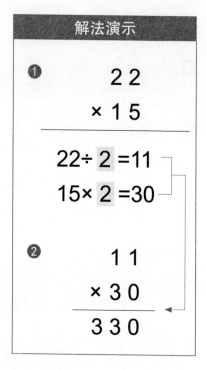

解法演示

1
$$22$$
$$\times 15$$

$$22÷2=11$$
$$15×2=30$$

2
$$11$$
$$\times 30$$
$$330$$

提示：个位是5的数通过乘以2或者4和8，使之成为整十、整百或者整千数，这种"化零为整"的转变恰恰是补数思想的核心，是补数最常见的运用方式。

例2 28×25=?

▲解法

❶ 偶数28除以4
28÷4=7

❷ 25乘以4
25×4=100

❸ 7和100相乘
7×100=700

最终答案：700

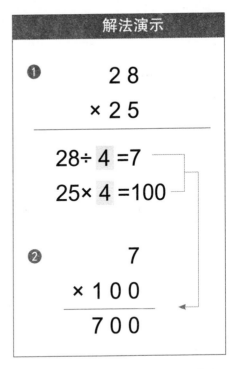

解法演示

❶
$$28$$
$$×25$$

28÷4=7
25×4=100

❷
$$7$$
$$×100$$
$$700$$

提示：为什么25×4而不乘以2呢？25×2=50，而25×4=100，乘以4可以凑出更"整"的数。所以，要根据每道题的数据特征决定究竟乘以2、乘以4，还是乘以8。

例3 12×35=?

▲解法

❶ 偶数12除以2
　12÷2=6

❷ 35乘以2
　35×2=70

❸ 6和70相乘
　6×70=420

　最终答案：420

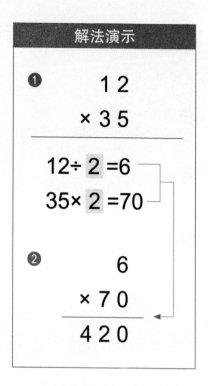

解法演示

❶
$$12$$
$$×35$$

$$12÷\boxed{2}=6$$
$$35×\boxed{2}=70$$

❷
$$6$$
$$×70$$
$$420$$

无处不在的2

　　2是唯一一个既是偶数又是质数的自然数，它在数学王国中无处不在。两个正数的和除以2称作算术平均数；两个正数的积的平方根称为几何平均数；一个一元二次方程总是有两个根……圆、椭圆、双曲线、抛物线等二次曲线漂亮优美，二元二次方程对称优美……"2"既是秩序美的潜因，又起着化繁为简的作用，是最常用的补数。

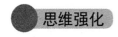

36×15=

答 案
(36÷2)×(15×2) =18×30 =540

54×25=

答 案
(54÷2)×(25×2) =27×50 =1350

14×35=

答 案
(14÷2)×(35×2) =7×70 =490

18×75=

答 案
(18÷2)×(75×2) =9×150 =1350

❶ 24 × 15=

❷ 38 × 15=

❸ 26 × 25=

❹ 64 × 25=

❺ 12 × 35=

❻ 24 × 35=

❼ 48 × 75=

❽ 32 × 75=

❾ 52 × 125=

❿ 328 × 125=

参考答案

⑨6500　⑩41000
⑦3600　⑧2400
⑤420　⑥840
③650　④1600
①360　②570

58

心算超人——拉玛努金

印度数学家拉玛努金出生于印度东南部的泰米尔纳德邦,和大文豪泰戈尔是同乡。他幼时家境贫寒,没受过高等教育,靠自学和艰苦钻研而成为一个闻名国际的大数学家。拉玛努金在英国的时候,有一次他生病了,著名的英国数学家G.H.哈代去看望他。两人聊天时,哈代告诉他自己来时乘坐的出租车车牌号是1729,这个数字似乎没什么特别的意义。拉玛努金想了一下说:"不,这个数字很有意思。1729是可以用两种方式表示成两个自然数立方和的最小的数,它等于1的三次方加上12的三次方,又等于9的三次方加上10的三次方。"哈代问道:"那么,对于四次方来说,这个最小数是多少呢?"他稍微思索了一下答道:"这个数字很大,它是635318657,它等于59的四次方加158的四次方,又等于133的四次方加134的四次方。"

$1729=12^3+1^3=10^3+9^3$

拉玛努金超强的心算能力,让哈代大为吃惊,他惊叹道:"每个自然数都是拉马努金的朋友。"

印度人惊人的数学才能得益于这个民族对数学特别的领悟和印度数学神奇的计算方法。

2. 补数在除法中的应用

印度数学的除法运算法则大都脱胎于它的乘法法则，虽然方法不同，但原理相通。在除法运算中，印度数学常常使用补数，将复杂的除法运算简化成简单的乘法和加法运算，从而压缩运算时的逻辑思维过程而使运算更快速、准确。

● 特殊除法竖式

在除法运算中，对一些接近整十、整百或整千的数使用补数，可以让算式变得更好除。本节采用竖式的形式讲解补数在除法运算中的应用，以便将补数运用的思维过程清晰直观地展现出来。

印度算诀

除数是两位、非整十数的除法：

步骤1 将除数分解成整十数和补数；

步骤2 计算被除数除以整十数；

步骤3 步骤2求得的商乘以补数再加上上一步的余数作为下一步的被除数，这一过程不断交替，直至得出足够小的被除数；

步骤4 新被除数除以原除数；

步骤5 将商一栏相同数位上的得数相加，不同数位的得数顺次排列。

● 实战示例

例1 54÷13=?

▲解法

① 将除数13分解成整十数20和补数7

② 被除数54除以整十数20，个位商2，余14

③ 步骤**②**求得的商2乘以补数7再加上上一步的余数14，等于28，作为下一步的被除数

④ 新被除数28除以原除数13，个位商2，余2

⑤ 将商一栏相同数位上的数字相加
2+2=4

最终答案：商4余2

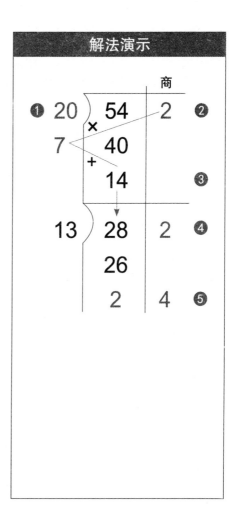

解法演示

		商
① 20	54	2 **②**
×		
7	40	
+		
	14	**③**
13	28	2 **④**
	26	
	2	4 **⑤**

例2 413÷16=?

▲解法

❶ 将除数16分解成整十数20和补数4

❷❸ 被除数413除以整十数20，十位商2，余1。上一步的商2乘以补数4再加上余数1，等于9；将413的个位3下移，以93作为下一步的被除数。被除数93除以整十数20，个位商4，余13。上一步的商4乘以补数4再加上余数13，等于29，以29作为下一步的被除数

❹ 新被除数29除以原除数16，个位商1，余13

❺ 商一栏中的十位数字是2，个位数字是5（4+1=5）

最终答案：商25余13

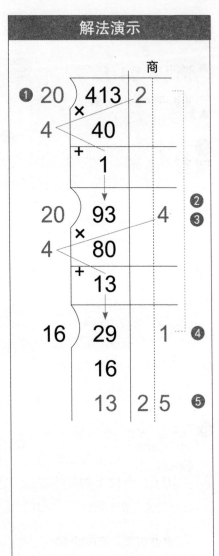

解法演示

例3 1234÷18=?

▲解法

❶ 将除数18分解成整十数20和补数2

❷❸ 被除数1234除以整十数20，十位商6，余3。上一步的商6乘以补数2再加上余数3，等于15，将1234的个位4下移，以154作为下一步的被除数。被除数154除以整十数20，个位商7，余14。上一步的商7乘以补数2再加上余数14，等于28，28作为下一步的被除数

❹ 新被除数28除以原除数18，个位商1，余10

❺ 商一栏的十位上的数字是6，个位上的数字是7+1=8

最终答案：商68余10

解法演示

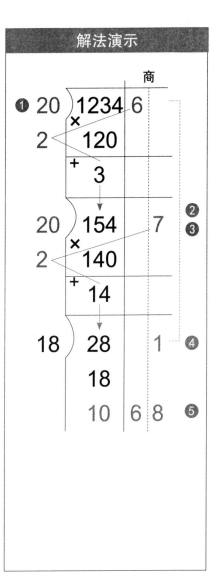

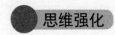

思维强化

65÷28=

82÷37=

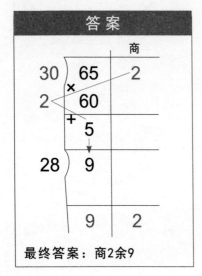

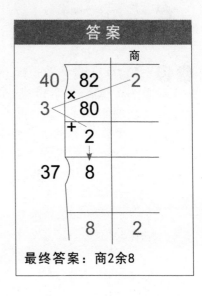

64

635÷14=

786÷29=

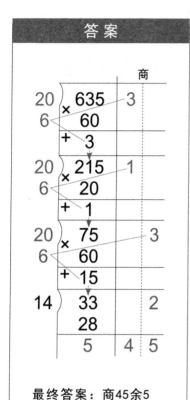

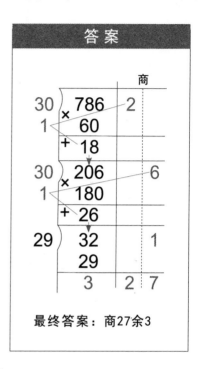

最终答案：商45余5

最终答案：商27余3

65

❶ 55 ÷ 15 =

❷ 95 ÷ 24 =

❸ 62 ÷ 27 =

❹ 618 ÷ 26 =

❺ 435 ÷ 15 =

❻ 586 ÷ 29 =

❼ 1684 ÷ 18 =

❽ 3697 ÷ 26 =

❾ 6982 ÷ 33 =

参考答案

⑨商211余19
⑦商93余10　⑧商142余5
⑤商29　⑥商20余6
③商2余8　④商23余20
①商3余10　②商3余23

习惯了常用算法的学习者，刚接触到这种运用补数的除法竖式时可能上手较慢，一时难以接受。但熟悉了之后，确实可以极大地提高除法运算的速度和准确性。其实竖式只是在学习用补数简化除法运算初期的一个辅助工具，意在厘清思维过程，避免错误，熟悉了之后就可以抛开它了。下面是对竖式的一个拓展。

以上节的例题3"1234÷18"为例，可将它的除法竖式分解展开为以下步骤：

1234÷18=?

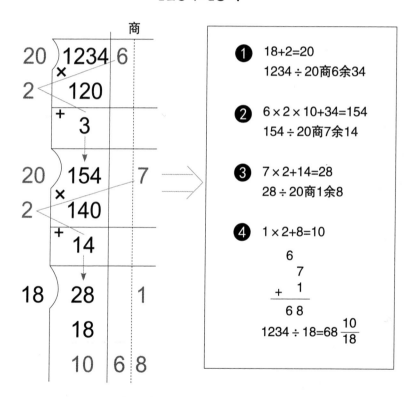

❶ 18+2=20
1234÷20商6余34

❷ 6×2×10+34=154
154÷20商7余14

❸ 7×2+14=28
28÷20商1余8

❹ 1×2+8=10

$$\begin{array}{r} 6 \\ 7 \\ + \quad 1 \\ \hline 6\ 8 \end{array}$$

$$1234 \div 18 = 68\frac{10}{18}$$

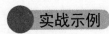
实战示例

例1 1916÷18=?

▲**解法**

❶ 除数18加上补数2变成20，
1916除以20得出商的第一位
数字是9，余数是116

❷ 商9乘以补数2（9在十位，
需乘以10），再加上余数
116
$9 \times 2 \times 10 + 116 = 180 + 116 = 296$

❸ 296除以20商14余16

❹ 商乘以补数再加上余数
$14 \times 2 + 16 = 44$

❺ 再用44除以20，商2余4

❻ 商乘以补数再加上余数
$2 \times 2 + 4 = 8$

❼ 将商的各位数字按位相加
（9在十位）
$9 \times 10 + 14 + 2 = 106$

最终答案：商106余8

解法演示

❶ $18 + \boxed{2} = 20$

$\div 20 \mid 1916$

$9 \mathbin{/} 116$

❷ $9 \times \boxed{2} \times 10 + 116 = 296$

❸ $\div 20 \mid 296$

$14 \mathbin{/} 16$

❹ $14 \times \boxed{2} + 16 = 44$

❺ $\div 20 \mid 44$

$2 \mathbin{/} 4$

❻ $2 \times \boxed{2} + 4 = 8$

9
14
2
106

例2 842÷17=?

▲解法

❶ 除数17加上补数3凑成20，842除以20得出商的第一位数字是4，余数是42

❷ 商4乘以补数（因为4在十位，所以应乘以10），再加上余数42
4×3×10+42=162

❸ 用162除以20得出商的第二位数是8
162÷20 商8余2

❹ 商8乘以补数，再加上余数2
8×3+2=26

❺ 因26大于20，继续除以20得出商的第二位上的另一个数字是1
26÷20 商1余6

❻ 商1乘以补数3，再加上余数6
1×3+6=9
9小于20，不可再除，所以9就是余数

❼ 将商的各位数字按位相加
4×10+8+1=49

最终答案：商49余9

解法演示

❶ 17+ 3 =20

÷ 20 | 842

4 / 42

❷ 4× 3 ×10+42=162

❸ ÷ 20 | 162

8 / 2

❹ 8× 3 +2=26

❺ ÷ 20 | 26

1 / 6

❻ 1× 3 +6=9

4 0
  8
  1

4 9

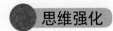

845÷12=

答　案
❶ 12−2=10 　845÷10商8余45 ❷ 8×(−2)×10+45=−115 　−115÷10商−1余−15 ❸ (−1)×(−2)×10+(−15)=5 　8×10+(−1)×10=70 　最终答案：商70余5

484÷18=

答　案
❶ 18+2=20 　484÷20商2余84 ❷ 2×2×10+84=124 　124÷20商6余4 ❸ 6×2+4=16 　2×10+6=26 　最终答案：商26余16

3415÷28=

答　案
❶ 28+2=30 　3415÷30商1余415 ❷ 1×2×100+415=615 　615÷30商2余15 ❸ 2×2×10+15=55 　55÷30商1余数25 ❹ 1×2+25=27 　1×100+2×10+1=121 　最终答案：商121余27

1826÷19=

答　案
❶ 19+1=20 　1826÷20商9余26 ❷ 9×1×10+26=116 　116÷20商5余16 ❸ 5×1+16=21 　21÷20商1余1 ❹ 1×1+1=2 　9×10+5+1=96 　最终答案：商96余2

提示：第1题中的整十数10小于除数12，因此补数为—2。运算过程相同。

❶ 324 ÷ 18=

❷ 726 ÷ 19=

❸ 861 ÷ 18=

❹ 3546 ÷ 28=

❺ 4532 ÷ 26=

❻ 5123 ÷ 27=

❼ 6815 ÷ 35=

❽ 9541 ÷ 49=

❾ 854 ÷ 38=

❿ 5416 ÷ 46=

参考答案

⑩商117余34　　⑨商22余18
⑧商194余35　　⑦商194余25
⑥商189余20　　⑤商174余8
④商126余18　　③商47余15
②商38余4　　　①商18

● 除数为接近100的数字

当除数为接近100的数字时，因数字较大，需要试商，比较麻烦。这时可以运用补数方法，将除数加上或者减去补数，凑成100再来运算，这样就省去了试商的麻烦，大大简化了运算的过程。

印度算诀

除数为接近100的数字的除法运算：

步骤1 将除数加上或者减去补数凑成100，用被除数除以100得出商的第一位数字；

步骤2 用商的第一位数字乘以补数再加上余数，如果得出的结果大于100，就继续除以100，得出商的第二位数字；

步骤3 用商的第二位数字乘上补数再加上余数，如果得出的结果小于100，无法再除，就作为余数；

步骤4 将步骤1和步骤2得出的商按数位写在一起，步骤3的结果作为余数。

注意： 当除数去补数凑成100时，步骤2应该用余数减去商的第一位数字和补数的积，再继续后面的计算（见例2）。

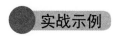

实战示例

例1 4484÷99=?

▲解法

1 除数99加上补数1凑成
100，4484除以100得
出商的第一位数是4
4484÷100商4余484

2 商4乘以补数（4在十
位，需乘以10），再
加上余数484
4×1×10+484=524

3 用524除以100，得出
商的第二位数是5
524÷100 商5余24

4 商的第二位数字乘以
补数1，再加上余数24
5×1+24=29

5 综合可得答案：商45
余29

最终答案：商45余29

解法演示

1 99+ 1 =100

÷ 100 | 4484

4 / 484

2 4× 1 ×10+484=524

3 ÷ 100 | 524

5 / 24

4 5× 1 +24=29

5 99 ⟌ 4484

45 / 29

例2　7897÷102=?

▲解法

❶ 102减去补数2凑成100,7897除以100得出商的第一位数字是7

7897÷100 商7 余897

❷ 余数897减去商的第一位数字和补数的乘积（7在十位，需乘以10）

897−7×2×10=897−140
=757

❸ 757除以100，得出商的第二位数字是7

757÷100 商7 余57

❹ 余数57减去商的第二位数字和补数的乘积

57−7×2=57−14=43

❺ 综合可得答案：商77 余43

最终答案：商77余43

解法演示

❶　　　$102 - 2 = 100$

　　$\div 100$ | 7897
　　　　　　　　$7 / 897$

❷ $897 - 7 \times 2 \times 10$

$= 897 - 140 = 757$

❸　$\div 100$ | 757
　　　　　　　$7 / 57$

❹ $57 - 7 \times 2 = 57 - 14$

$= 43$

❺　　$102 \overline{)7897}$
　　　　　　　$77 / 43$

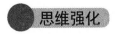思维强化

2754÷97=

答案

① 2754÷（97+3）商2余754

② 754+2×3×10=814

③ 814÷100商8余14

④ 14+8×3=38

最终答案：商28余38

2046÷102=

答案

① 2046÷（102-2）

商2余46

② 46-2×2×10=6

最终答案：商20余6

5982÷101=

答 案

❶ 5982÷（101-1）商5余982

❷ 982-5×1×10=932

❸ 932÷100商9余32

❹ 32-9×1=23

　　最终答案：商59余23

21与7

　　如果一个整数的末位数是1，而且它又比21大的话，用这个数减去21，得数去掉末尾的0后如果能被7整除，那么这个整数肯定也能被7整除；如果得数去掉末尾的0后不能被7整除，那么这个整数肯定也不能被7整除。以161为例，161-21=140，140去掉0变成14，14能被7整除，所以161也能被7整除。

❶ 1464 ÷ 96=

❷ 3684 ÷ 98=

❸ 7479 ÷ 99=

❹ 4664 ÷ 102=

❺ 8485 ÷ 105=

❻ 5488 ÷ 103=

华罗庚的故事

1910年11月12日，华罗庚生于江苏金坛。他家境贫穷，决心努力学习。上中学时，在一次数学课上，老师给同学们出了一道著名的难题："有一个数，3个3个地数，还余2；5个5个地数，还余3；7个7个地数，还余2。请问这个数是多少？"（这是中国古代一道著名的数学题目——"物不知数"：今有物不知数，三三数之余二，五五数之余三，七七数之余二，问物几何？）大家正在思考时，华罗庚站起来说："23。"他的回答使老师惊喜不已。

华罗庚后来自学成才，成了一位没有大学文凭的数学家。他曾说："所谓天才，就是靠坚持不断的努力。"

复习与检测

1. 乘法运算

被乘数和乘数中间存在整十、整百或整千数

两数中间有整十、整百或整千数时，中间数的平方减去补数的平方即得结果。

$17 \times 23 = ?$

解法：
①被乘数17和乘数23的中间数是20，求20的平方
$20^2 = 20 \times 20 = 400$
②被乘数17（或乘数23）与中间数20的差是3，求3的平方
$3^2 = 3 \times 3 = 9$
③用400减去9
$400 - 9 = 391$
最终答案：391

数字黑洞

任取一个自然数，数出这个数中偶数的个数、奇数的个数及这个数中所有数字的个数，以 35926为例，偶数的个数是2、奇数的个数是3、共有5个数字，用这三个数组成一个新的数字235，重复上述程序，就会得到1、2、3，对数字123再重复上述程序，仍得123。继续进行，123会无限循环重复下去。任何一个自然数按照上述程序检验，最后都会陷入123的循环。如果将自然数比作一个数字宇宙的话，123 就是一个数字黑洞，它又被称为"西西弗斯串"。

至少有一个乘数接近100

$19 \times 99 = ?$

解法：
① 以100为基数，被乘数19的补数是81，乘数99的补数是1
$19 \rightarrow 81$
$99 \rightarrow 1$
②用被乘数19减去乘数99的补数1
$19-1=18$
③补数81和1相乘
$81 \times 1=81$
④在18后面直接写下81
最终答案：1881

当5遇上偶数

利用5和偶数相乘得整十、整百、整千数的规律简化运算。

$22 \times 15 = ?$

解法：
①22是偶数，除以2
$22 \div 2=11$
②15个位数是5，乘以2
$15 \times 2=30$
③11和30相乘
$11 \times 30=330$
最终答案：330

检测题

● 被乘数和乘数中间存在整十、整百或整千数

❶ $18 \times 22=$

❷ $27 \times 33=$

❸ $45 \times 55=$

❹ $39 \times 61=$

❺ $72 \times 48=$

❻ $89 \times 91=$

❼ $96 \times 104=$

❽ $105 \times 115=$

❾ $995 \times 1005=$

❿ $1502 \times 1498=$

● 至少有一个乘数接近100

❶ $98 \times 87 =$

❷ $93 \times 96 =$

❸ $88 \times 93 =$

❹ $92 \times 81 =$

❺ $86 \times 94 =$

❻ $96 \times 69 =$

❼ $84 \times 97 =$

❽ $72 \times 93 =$

❾ $95 \times 73 =$

❿ $57 \times 99 =$

参考答案

⑩5643 ⑨6935
⑧6696 ⑦8148
⑥6624 ⑤8084
④7452 ③8184
②8928 ①8526

• 当5遇上偶数

❶ 32 × 15=

❷ 18 × 25=

❸ 72 × 25=

❹ 16 × 35=

❺ 38 × 45=

❻ 28 × 55=

❼ 24 × 75=

❽ 44 × 125=

❾ 136 × 125=

❿ 36 × 225=

2.除法运算

特殊除法竖式

将除数转化成整十数和补数，运用特殊竖式运算。

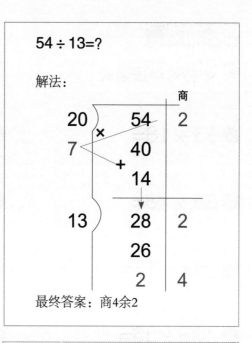

$54 \div 13 = ?$

解法：

最终答案：商4余2

除数为接近100的数字

当除数为接近100的数字时，可以运用补数凑成100再来运算。

$4484 \div 99 = ?$

解法：
①除数99加上补数1凑成100，4484除以100得出商的第一位数是4
4484÷100商4余484
②商4乘以补数（4在十位，需乘以10），再加上余数484
4×1×10+484=524
③用524除以100，得出商的第二位数是5
524÷100 商5余24
④商的第二位数字乘以补数1，再加上余数24
5×1+24=29
⑤综合可得答案：商45 余29
最终答案：商45余29

● **特殊除法竖式**

❶ 63 ÷ 18 =

❷ 79 ÷ 27 =

❸ 85 ÷ 16 =

❹ 97 ÷ 29 =

❺ 284 ÷ 17 =

❻ 535 ÷ 28 =

❼ 793 ÷ 56 =

❽ 1035 ÷ 47 =

❾ 3988 ÷ 59 =

❿ 7082 ÷ 65 =

参考答案

①商3余9 ②商2余25
③商5余5 ④商3余10
⑤商16余12 ⑥商19余3
⑦商14余9 ⑧商22余1
⑨商67余35 ⑩商108余62

● 除数为接近100的数字

❶ 1957 ÷ 103=

❷ 2955 ÷ 95=

❸ 3833 ÷ 98=

❹ 4928 ÷ 102=

❺ 5069 ÷ 97=

❻ 5197 ÷ 103=

❼ 6936 ÷ 99=

❽ 7948 ÷ 101=

❾ 8461 ÷ 98=

❿ 9393 ÷ 96=

世界近代三大数学难题

哥德巴赫猜想

　　1742年，德国数学家哥德巴赫在写给著名数学家欧拉的一封信中，提出了以下猜想：①任何不小于6的偶数，都是两个奇质数之和；②任何不小于9的奇数，都是三个奇质数之和。这就是著名的"哥德巴赫猜想"。

　　"哥德巴赫猜想"被喻为"数学王冠上的明珠"，是和质数有关的数学猜想中最著名的猜想，无数数学家倾尽智慧都没能成功。直到1966年，才由我国著名数学家陈景润攻克了"1＋2"，人类距离哥德巴赫猜想的最终结果"1＋1"，仅有一步之遥了。

费马大定理

　　1637年，法国大数学家费马在研究古希腊数学家丢番图的著作《算术》时，写下了一个猜想：$x^n+y^n=z^n$ 是不可能的（这里 n 大于2；x，y，z，n 都是非零整数)。这个猜想后来就被称为"费马大定理"。费马还说他已经绝妙地证明了这个定理，却没有写下证明的过程。

　　"费马大定理"挑战了人类三百多年，以欧洲最伟大的数学家欧拉为代表的无数的数学天才为之付出了不懈的努力，直到1995年，才被英国数学家安德鲁·怀尔斯攻克。

四色问题

　　1852年，英国人弗南西斯·格思里来在做地图着色工作时发现了一种有趣的现象："每幅地图都可以用四种颜色着色，使得有共同边界的国家都被着上不同的颜色。"用数学语言表示，即是"将平面任意细分为不相重叠的区域，每一个区域总可以用1、2、3、4这四个数字之一来标记，而不会使相邻的两个区域得到相同的数字"。这就是"四色问题"。

　　这个猜想能不能从数学上加以严格证明呢？很多数学家对此进行了

研究。1976年，美国伊利诺斯大学的教授哈肯与阿佩尔合作，在两台电子计算机上，用了1200个小时，做了100亿次判断，终于证明了"四色问题"，轰动了世界。不过不少数学家并不满足于计算机取得的成就，仍在寻找更简洁的证明方法。

Part 3
几类特殊的
乘除法运算

　　印度数学在解决统一的问题时，并不仅限于单一的计算方法，它的计算体系中包含着多种多样的运算方法。当题目中有特殊的数字时，它便有相应的特殊的解题方法，本章就介绍几种适用于含有特殊数字的乘除法运算的速算法。注意哦，它们不仅仅是神奇的运算方法，更是一种全新的思考方式。

1. 两边一拉，邻位相加

　　因为任何数和1相乘，得到的数字都是它本身，所以11段乘法有着其独特的计算方法，那就是"两边一拉，邻位相加"。所谓"两边一拉，邻位相加"，就是将和11相乘的数字的首位数字和末位数字分别作为所得结果的首位数字和末位数字，首位数字加上和其相邻的第二位上的数字作为所得结果的第二位数字，满十进位，依次类推，将乘法运算简化成个位数的加法运算，迅速准确地得出结果。

印度算诀

任意数和11相乘：

步骤1 把和11相乘的数的首位和末位数字拆开，中间留出若干空位；

步骤2 把这个数各个数位上的数字依次相加；

步骤3 把步骤2求出的和依次填写在上一步留出的空位上。

注意：两位数和11相乘，因为比较简单，可以将步骤2和步骤3合并。

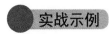实战示例

例1 26×11=?

▲解法

① 把26拆开，2和6写在两端，
  中间空出一个数位
  2□6

② 把这个数各个数位上的数字
  依次相加
  2+6=8

③ 把8填在2和6之间的空位上
  2 8 6

  最终答案：286

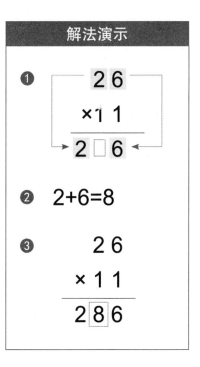

解法演示

①
```
    2 6
  × 1 1
  ─────
→ 2 □ 6 ←
```

② 2+6=8

③
```
    2 6
  × 1 1
  ─────
  2 8 6
```

例2　94×11=?

▲解法

❶ 把94拆开，9和4之间空出一个数位

9 ☐ 4

❷ 把这个数各个数位上的数字依次相加

9+4=13

❸ 把13填在9和1之间的空位上。因为13>10，向百位进1！

$\boxed{9}+1\boxed{3}4 \rightarrow 10\boxed{3}4$

最终答案：1034

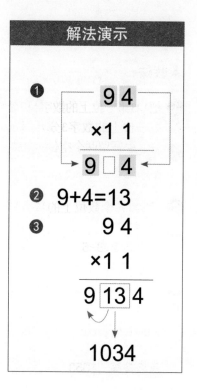

解法演示

❶

9 4

×1 1

9 ☐ 4

❷ 9+4=13

❸

9 4

×1 1

9 | 13 | 4

1034

自守数

　　自然数中存在一种"自守数"，在乘法运算中，将一个整数乘以它本身，如果所得的积的末尾数字是该整数，这个整数就是自守数。如"一一得一"，1就是自守数；同理可知，0也是自守数。个位数中，除1和0外，5和6也是自守数：5×5=25（25的末尾是5），6×6=36（36的末尾是6）。两位数中，只有25和76是自守数。

例3 123×11=?

▲解法

① 把123第一位上的数字1和最后一位上的数字3分开写下来，中间留两个空位
1□□3

② 把123各个数位上的数字依次相加
1+2=3 2+3=5

③ 把3和5依次填在步骤①留出的两个空位上
1 3 5 3

最终答案：1353

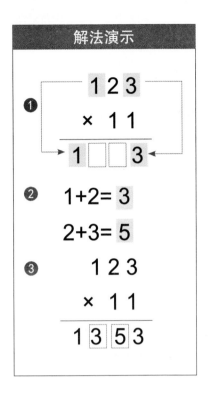

解法演示

①
1 2 3
× 1 1
1 □ □ 3

② 1+2= 3
2+3= 5

③
1 2 3
× 1 1
1 3 5 3

例4 4687×11=?

▲解法

1 4687第一位上的数字4和最后一位上的数字7分开写下来，中间留三个空位
4□□□7

2 把4687各个数位上的数字依次相加
4+6=10　6+8=14　8+7=15

3 把10、14、15依次填入步骤①留出的三个空位，哪个数位满10就向前一位进1
4+1 0+1 4+1 5 7 → 51557

最终答案：51557

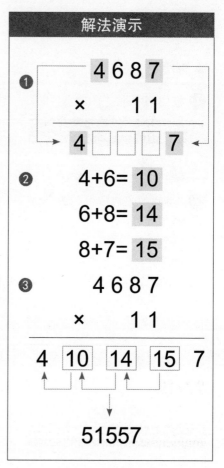

解法演示

1
4 6 8 7
× 1 1

4 □ □ □ 7

2
4+6= 10
6+8= 14
8+7= 15

3
4 6 8 7
× 1 1

4 10 14 15 7

51557

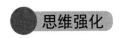 思维强化

61×11=

答案
❶ 61 → 6 ☐ 1
❷ 6+1=7
❸ 6 7 1

324×11=

答案
❶ 324 → 3 ☐ ☐ 4
❷ 3+2=5
2+4=6
❸ 3 5 6 4

87×11=

答案
❶ 87 → 8 ☐ 7
❷ 8+7=15
❸ 8 15 7 → 9 5 7

5005×11=

答案
❶ 5005 → 5 ☐ ☐ ☐ 5
❷ 5+0=5
0+0=0
0+5=5
❸ 5 5 0 5 5

❶ 13 × 11=

❷ 16 × 11=

❸ 32 × 11=

❹ 45 × 11=

❺ 57 × 11=

❻ 145 × 11=

❼ 531 × 11=

❽ 728 × 11=

❾ 3032 × 11=

参考答案

⑨33352
⑧8008   ⑦5841
⑥1595   ⑤627
④495   ③352
②176   ①143

大九九·19×19乘法口诀表

	11	12	13	14	15	16	17	18	19
1	11	12	13	14	15	16	17	18	19
2	22	24	26	28	30	32	34	36	38
3	33	36	39	42	45	48	51	54	57
4	44	48	52	56	60	64	68	72	76
5	55	60	65	70	75	80	85	90	95
6	66	72	78	84	90	96	102	108	114
7	77	84	91	98	105	112	119	126	133
8	88	96	104	112	120	128	136	144	152
9	99	108	117	126	135	144	153	162	171
10	110	120	130	140	150	160	170	180	190
11									
12	132	144	156	168	180	192	204	216	228
13	143	156	169	182	195	208	221	234	247
14	154	168	182	196	210	224	238	252	266
15	165	180	195	210	225	240	255	270	285
16	176	192	208	224	240	256	272	288	304
17	187	204	221	238	255	272	289	306	323
18	198	216	234	252	270	288	306	324	342
19	209	228	247	266	285	304	323	342	361

注：中间变色的数字分别为11～19的平方数。

表中11～19和11的乘积空缺了，请利用本章的11段乘法速算法算出结果，填补表格空缺。

（答案是：121、132、143、154、165、176、187、198、209）

九九歌的由来

　　九九歌就是我们现在使用的 $9×9$ 乘法口诀。远在公元前的春秋战国时代，九九歌就已经被人们广泛使用。在《荀子》《管子》《淮南子》《战国策》等古籍中就能找到"三九二十七""六八四十八""四八三十二""六六三十六"等句子。最初的九九歌是从"九九八十一"起到"二二得四"止，共36句。因为是从"九九八十一"开始，所以取名"九九歌"。在公元五世纪至十世纪间，九九歌才扩充到"一一得一"。在公元十三四世纪，九九歌的顺序才变成和现在所用的一样，从"一一得一"起到"九九八十一"止。

　　九九歌专指"小九九"——$9×9$乘法口诀，而$19×19$乘法口诀，被称为"大九九"。

2. 十位数相同的两位数乘法

　　十位数相同的两位数相乘，是十分常见的乘法运算题目，如两位数平方的计算。印度数学针对乘数的不同特点，本着跃过进位计数的思维过程以提高运算速度与准确性的基本思想，运用了几种巧妙的方法来简化运算。熟练掌握这些方法，你也可以拥有"一望算式，答案出口"的强大心算能力。

● 十位数相同、个位数相加得10的两位数乘法

　　虽然在乘法运算中有很多印度数学的乘法法则可以通用，但针对某些特别的数字，它又有着更简单的专属算法。下面就来学一学"十位数相同、个位数相加得10"的两位数乘法的专属算法吧。

印度算诀

十位数相同、个位数相加得10的两位数乘法：

步骤1 十位数字乘以比它大1的数；

步骤2 将两个数的个位数字相乘；

步骤3 将前两步所得的乘积按数位合在一起。

例1　67×63=?

▲解法

❶ 十位数字乘以比它大1的数
6×（6+1）=6×7=42

❷ 将两个数的个位数字相乘
7×3=21

❸ 按数位将前两步所得的乘积合在一起，42后面写上21就是4221

最终答案： 4221

解法演示

❶
$$
\begin{array}{r}
6\,7 \\
\times\ 6\,3 \\
\hline
\end{array}
$$

6×（6+1）=42

❷
$$
\begin{array}{r}
6\,7 \\
\times\ 6\,3 \\
\hline
\end{array}
$$

7×3=21

❸

$$
\begin{array}{r}
4\,2\ \ \ \\
+\quad 2\,1 \\
\hline
4\,2\,2\,1
\end{array}
$$

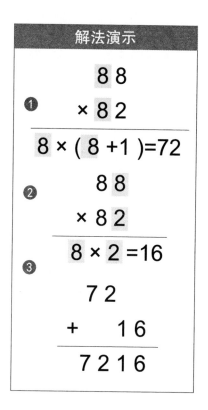

例2 88×82=?

▲解法

❶ 其中一个十位数字加1，然后相乘

$8 × (8+1) = 8 × 9 = 72$

❷ 个位数字相乘

$8 × 2 = 16$

❸ 按数位将结果合并，72后面写上16就是7216

最终答案：7216

解法演示

①
$$
\begin{array}{r}
8\,8 \\
×\ 8\,2 \\
\hline
\end{array}
$$
$8 × (8+1) = 72$

②
$$
\begin{array}{r}
8\,8 \\
×\ 8\,2 \\
\hline
\end{array}
$$
$8 × 2 = 16$

③
$$
\begin{array}{r}
7\,2 \\
+\quad 1\,6 \\
\hline
7\,2\,1\,6
\end{array}
$$

我们可以用求长方形面积的方法来探寻一下这种速算方法的原理。

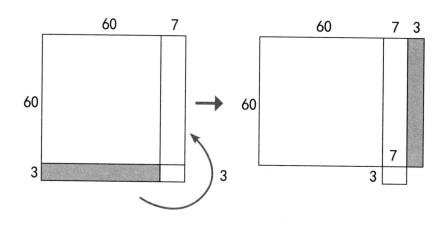

如上页图所示，画一个长67、宽63的长方形（在此省略了长度单位，以便更直观），沿长方形的两边截取一个边长为60的正方形，把从宽边截取下来的长方形移到箭头所指的长边之后，整个图形变成两部分——长70、宽60的大长方形和长7、宽3的小长方形。新图形的面积等于这一大一小两个长方形的面积之和。

大长方形面积：$60 \times 70 = 4200$…………相当于步骤❶

小长方形面积：$3 \times 7 = 21$………………相当于步骤❷

新图形的面积：$4200 + 21 = 4221$…………相当于步骤❸

这和本节所讲述的印度数学简算法的运算过程一样。

思维强化

22×28=

答案
❶ 2×(2+1)=2×3=6
❷ 2×8=16
❸ 合并得616

46×44=

答案
❶ 4×(4+1)=4×5=20
❷ 6×4=24
❸ 合并得2024

79×71=

答案
❶ 7×(7+1)=7×8=56
❷ 9×1=9
❸ 合并得5609

❶ 16 × 14=

❷ 23 × 27=

❸ 31 × 39=

❹ 48 × 42=

❺ 58 × 52=

❻ 63 × 67=

❼ 79 × 71=

❽ 84 × 86=

❾ 95 × 95=

● 两位数平方速算法

两位数的平方总共有81组，是常见的两位数乘法运算。印度数学中两位数平方的速算方法，是补数思想的一种延伸，它用10作为底数，把两位数的平方运算简化成简单的加减运算和个位数的平方运算，只要你能够熟练地背诵"九九乘法口诀"，就可以运用该法则快速地算出所有两位数的平方根。

印度算诀

两位数的平方运算：

步骤1 找出该两位数接近的整十数（基数），算出补数；

步骤2 将两位数加上补数，再乘上整十数的十位数；

步骤3 算出补数的平方值；

步骤4 将步骤2和步骤3所得的数字按照数位加在一起。

独特的45

在自然数中，有一些数字十分独特，它们的平方有着有趣的性质，如45。

$45^2=2025$

把2025拆分成两个两位数20和25

2025→20　25

你会惊奇地发现：

20+25=45

在两位数中，45并不孤独，55和99也具有同样的性质。

例1　22^2=?

▲解法

❶ 22接近的整十基数是20
22=20+2

❷ 22加上它超出20的数值2
22+2=24

❸ 基数20是底数10的2倍，
将24乘以2
24×2=48

❹ 算出22超出基数20的数值2
的平方
2^2=4

❺ 因为底数是10
48×10+4=484

最终答案：484

解法演示

❶
$$2\ 2$$
$$×\ 2\ 2$$

22 = 20 + 2
22 + 2 = 24

❷ 20 = 10 × 2
24 × 2 = 48

❸ 2^2 = 4

❹
$$4\ 8$$
$$+\qquad 4$$
$$\overline{4\ 8\ 4}$$

例2 $38^2=?$

▲解法

1 38接近的整十基数是40
38=40−2

2 38加上两者的差值−2
38+（−2）=36

3 基数40是底数10的4倍
36×4=144

4 算出差值2的平方
2^2=4

5 因为底数是10
144×10+4=1444

最终答案：1444

1
$$38$$
$$\times \ 38$$

$$38 = 40 - 2$$
$$38 - 2 = 36$$

2
$$40 = 10 \times 4$$
$$36 \times 4 = 144$$

3
$$2^2 = 4$$

4
$$144$$
$$+ \qquad 4$$
$$\overline{1444}$$

$18^2=$

答 案
18^2 $=[(18-2) \times 2 \times 10]+2^2$ $=320+4$ $=324$

$42^2=$

答 案
42^2 $=[(42+2) \times 4 \times 10]+2^2$ $=1760+4$ $=1764$

$84^2=$

答 案
84^2 $=[(84+4) \times 8 \times 10]+4^2$ $=7040+16$ $=7056$

两位数从11到99，共有81组，它们的平方都可以用上述方法快速算出。可以将其归结成一个固定形式的算式：

$24^2=[(24+4) \times 2 \times 10]+4^2=560+16=576$

4为24和整十基数20的差值，2表示基数20是底数10的2倍

$49^2=[(49-1) \times 5 \times 10]+1^2=2400+1=2401$

1是49与整十基数50的差值，5表示基数50是底数10的5倍

❶ $12^2 =$

❷ $25^2 =$

❸ $36^2 =$

❹ $47^2 =$

❺ $53^2 =$

❻ $64^2 =$

❼ $72^2 =$

❽ $88^2 =$

❾ $97^2 =$

❿ $98^2 =$

参考答案

⑩9604　⑨9409

⑧7744　⑦5184

⑥4096　⑤2809

④2209　③1296

②625　①144

● 个位数为5的两位数的平方速算

在两位数平方的算法中，针对个位数字是5的特殊两位数，有着特别的算法。

印度算诀

个位是5的两位数乘方运算：

步骤1 十位上的数字乘以比它大1的数；

步骤2 在上一步得数后面写上25。

有趣的清一色

　　人们把12345679叫作"缺8数"，这"缺8数"有许多让人惊讶的特点，比如用9的倍数与它相乘，乘积竟会由同一个数字组成，人们把这叫作"清一色"。比如：

12345679×9=111111111

12345679×18=222222222

12345679×27=333333333

······

12345679×81=999999999

这些乘数都是9的1倍至9的9倍的数。

例1 95×95=?

▲解法

❶ 十位上的数字乘以比它
大1的数
$9 × (9+1)=90$

❷ 90后面写上25，就是9025

最终答案：9025

解法演示

❶
$$95$$
$$×95$$
$$9 × (9 + 1)=90$$

❷
$$95$$
$$×95$$
$$5 × 5 = 25$$

❸
$$90$$
$$+\ \ \ 25$$
$$9025$$

例2 　75×75=?

▲解法

❶ 7乘以比它大1的数
7 × (7+1) =56

❷ 在56后面写上25，就是
5625

最终答案：5625

解法演示

❶
$$75$$
$$\times 75$$
$$7 \times (7 + 1) = 56$$

❷
$$75$$
$$\times 75$$
$$5 \times 5 = 25$$

❸
$$56$$
$$+ \quad 25$$
$$5625$$

15×15=

答案
❶ 1 × (1+1)=2
❷ 2后面写上25
最终答案：225

25×25=

答案
❶ 2 × (2+1)=6
❷ 6后面写上25
最终答案：625

45×45=

答案
❶ 4 × (4+1)=20
❷ 20后面写上25
最终答案：2025

即学即用

❶ 35 × 35=

❷ 55 × 55=

❸ 65 × 65=

❹ 75 × 75=

❺ 85 × 85=

❻ 95 × 95=

参考答案

①1225　②3025
③4225　④5625
⑤7225　⑥9025

114

● 十位数相同、个位数任意的两位数乘法

在前面两节，我们学习了如何简算"十位数相同、个位数相加等于10"的两位数乘法，这种简算方法只能运用于少数乘法题目。下面我们将学习针对更具普遍性的两位数乘法题目的简算方法——"十位数相同、个位数任意"的两位数乘法速算法。

印度算诀

十位数相同、个位数任意的两位数乘法：

步骤1 被乘数加上乘数个位上的数字，和乘以十位的整十数（11~19段的就乘以10，21~29段的就乘以20，以此类推）；

步骤2 个位数相乘；

步骤3 将前两步的得数相加。

注意：这里是将前两步的得数相加，而不是顺着抄写下来！

翻个个儿

你知道123456789乘以8再加上9会变成什么吗？它会翻个个儿变成987654321：

123456789×8+9

=123456789×（10-2）+（10-1）

=1234567890-123456789-123456789+10-1

=1111111101+10-123456790

=1111111111-123456790

=987654321

实战示例

例1 15×17=?

▲解法

❶ 15加上17个位上的数字7，
   和乘以十位的整十数10
   （15+7）×10=220

❷ 个位数字5和7相乘
   5×7=35

❸ 将前两步的得数相加
   220+35=255

   最终答案：255

解法演示

❶
$$15$$
$$\times 17$$
$$(15+7)\times10=220$$

❷
$$15$$
$$\times 17$$
$$5 \times 7 = 35$$

❸
$$220$$
$$+\ \ 35$$
$$255$$

例2 13×16=?

▲解法

① 13加上16个位上的数字6，和乘以十位的整十数10
   （13+6）×10=190

② 个位数字3和6相乘
   3×6=18

③ 将前两步的得数相加
   190+18=208

   最终答案：208

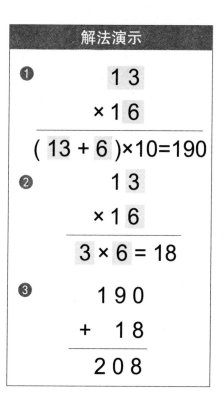

解法演示

① 13
   ×16
   ─────
   （13 + 6）×10=190

② 13
   ×16
   ─────
   3 × 6 = 18

③ 190
   + 18
   ─────
   208

我们用求长方形面积的方法来探寻一下这种速算法的原理。

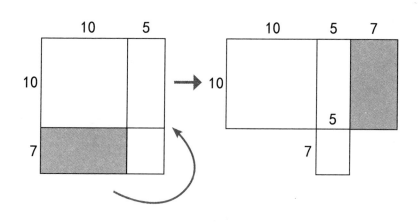

如上页图所示，长17、宽15的长方形，阴影部分被转接到箭头所指位置后，变成了由一个大长方形（长15+7，宽10）和一个小长方形（长7，宽5）组成的新图形，这个新图形的面积等于一大一小两个长方形的面积之和：

大长方形的面积：（15+7）×10=220……………………对应步骤❶

小长方形的面积：5×7=35………………………………对应步骤❷

新图形的面积是：220+35=255……………………………对应步骤❸

这和本节所讲述的印度简算法的运算过程相同。

再来看一下这种简算方法在其他段位的运用情况。

例3　24×27=?

▲**解法**

❶ 24加上27的个位数7，
和乘以十位的整十数20
（24+7）×20=620

❷ 个位数字4和7相乘
4×7=28

❸ 把前两步的得数相加
620+28=648

最终答案：648

解法演示
❶　　24 　　×27 （24 + 7）×20=620
❷　　24 　　×27 4 × 7 = 28
❸　　620 　＋　28 　　648

118

例4　52×56=?

▲解法

❶ 52加上56的个位数6，
和乘以十位的整十数50
（52+6）×50=2900
提示：运算时可将50乘
以2，所得结果除以2，
使运算更简单。

❷ 个位数字2和6相乘
2×6=12

❸ 把前两步的得数相加
2900+12=2912

最终答案：2912

解法演示

❶
$$52$$
$$\times 56$$
$$(52 + 6)\times 50 = 2900$$

❷
$$52$$
$$\times 56$$
$$2 \times 6 = 12$$

❸
$$2900$$
$$+ \quad 12$$
$$2912$$

14×18=

答案
（14+8）×10+4×8
=220+32
=252

41×45=

答案
（41+5）×40+1×5
=1840+5
=1845

78×73=

答案
（78+3）×70+8×3
=5670+24
=5694

❶ 12 × 13=

❷ 13 × 16=

❸ 15 × 17=

❹ 34 × 38=

❺ 66 × 65=

❻ 85 × 89=

❼ 91 × 95=

参考答案	
	⑦8645
⑥7565	⑤4290
④1292	③255
②208	①156

勾股定理

勾股定理是最著名的几何定理之一，即在任何一个直角三角形中，两条直角边长度的平方和等于斜边长度的平方。

勾股定理在我国被称为"商高定理"。据我国古代数学著作《周髀算经》记载，我国商代的智者商高，在公元前1120年左右发现了这个定理。商高在和周公谈话时曾提到，"故折矩以为勾广三，股修四，径隅五"。就是说，如果矩形沿对角线折成的三角形勾（短直角边）为3，股（长直角边）为4，那么弦（斜边）必定为5。

在西方，勾股定理最早是由古希腊数学家毕达哥拉斯发现的，所以被称为"毕达哥拉斯定理""毕氏定理"。据说毕达哥拉斯发现这一定理后，欣喜若狂，杀了一百头牛酬谢神灵作为庆祝，于是人们又称该定理为"百牛定理"。该定理在法国和比利时被称为"驴桥定理"，埃及称之为"埃及三角形"，还有一些国家称之为"平方定理"。

我国著名数学家华罗庚在谈到一旦人类遇到了"外星人"，该怎样与他们交谈时，曾建议用一幅反映勾股定理的数形关系图来作为与"外星人"交谈的语言。这充分说明了勾股定理是自然界最本质、最基本的规律之一。

3.100 ~ 110 之间的整数乘法

两个三位数相乘，计算难度按说已经很大了——你可能要在草稿纸上写写画画好一阵子才能得出结果。不过印度人在很久以前便练就了对三位数乘法"一望算式，答案出口"的强大本领，只不过这样的三位数乘法得符合以下条件：两个乘数都在100~110之间。

印度算诀

100~110之间的整数乘法：

步骤1 被乘数加上乘数个位上的数字；

步骤2 被乘数与乘数个位上的数字相乘；

步骤3 将步骤2的得数直接写在步骤1的得数后面。

实战示例

例1 105×109=?

▲解法

❶ 被乘数105加上乘数109个位上的数字9
105+9=114

❷ 两个数个位上的数字5、9相乘
5×9=45

❸ 45写在114之后得11445

最终答案：11445

解法演示
❶   1 0 5
×1 0 9
105=100+ 5
109=100+ 9
❷ 105   + 5
×
109   9
114   45

例2　107×107=?

▲解法

1 被乘数107加上乘数107个位上
的数字7
107+7=114

2 两个数个位上的数字7和7相乘
7×7=49

3 49写在114之后得11449

最终答案：11449

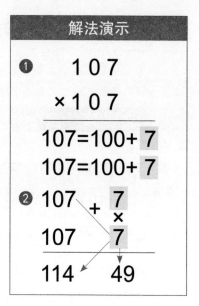

解法演示

1　　　1 0 7
　　　× 1 0 7

107=100+ 7
107=100+ 7

2 107 + 7
　　　　×
107　　7

114 　　49

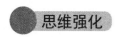

102×107=

答案

❶ 102=100+2

    107=100+7

❷ 102+7=109

    2×7=14

❸ 合并得10914

103×106=

答案

❶ 103=100+3

    106=100+6

❷ 103+6=109

    3×6=18

❸ 合并得10918

104×102=

答案

❶ 104=100+4

    102=100+2

❷ 104+2=106

    4×2=8

❸ 合并得10608

106×101=

答案

❶ 106=100+6

    101=100+1

❷ 106+1=107

    6×1=6

❸ 合并得10706

提示：数位不足时用0补充。

❶103 × 104=

❷106 × 107=

❸102 × 106=

❹105 × 102=

❺105 × 109=

❻108 × 101=

❼106 × 106=

❽108 × 103=

❾109 × 108=

女王与圆

怎样用一条线圈出最大的面积? 那就是把这条线围成一个圆。《罗马史诗》中记载了一个"狄多女王与圆"的故事。

狄多女王是泰雅王的女儿, 她嫁给了罗马城最富有的腓尼基人希凯斯。她的哥哥皮格马利翁十分贪婪, 他为了得到希凯斯的财富而谋杀了他。丈夫希凯斯死后, 狄多女王带着财宝与一些仆人漂洋过海逃到了非洲的突尼斯。在突尼斯湾登陆后, 她乞求当地的土著——格格人部落的首领雅布王给她一些土地。雅布王虽然愿意提供一些帮助, 但对狄多女王要土地的请求有些疑虑。狄多女王看出了雅布王的疑虑, 就对他说: "我只要一张犍牛皮能围出的那么大的土地来栖身就可以了。"雅布王心想, 一张犍牛皮能围出多大的地方? 这似乎是一个很微小的请求。于是, 雅布王就答应了她。

狄多女王是一个十分有智慧的人, 她把犍牛皮切成细细的皮条, 然后用这些皮条围出了一个圆, 竟然把海边的一片山丘都围在了里面。雅布王十分后悔, 却又不好反悔, 只好把那片土地给了狄多女王。狄多女王在牛皮条围出的土地上建了一座城, 最初取名拜萨(意为牛皮)城。这座城逐渐发展繁盛, 就是后来闻名于世的迦太基城。

4. 除数是 9 时的速算法则

　　针对除数是9的除法运算，印度数学有着巧妙的运算法则。运用该法则，可以将除数是9的复杂的除法运算转换成最简单的个位数的加法运算。看起来如魔法般不可思议，但掌握了其中的规律，你就会明白这只是科学的方法。

印度算诀

除数是9的除法运算：

步骤1 将被除数第一位上的数字作为商的第一位；

步骤2 将被除数的第一位和第二位、第二位和第三位等依次相加，作为商的余下几位（如果所得的和大于10，就向前进位）；

步骤3 将被除数各个数位上的数字相加，如果和大于9，就除以9，将商进到前一位；如果和小于9，就作为余数。

实战示例

例1　35÷9=?

▲解法

❶ 商是35的第一位数3

❷ 余数是被除数35的数字之和
3+5=8

最终答案：商3余8

解法演示

❶　÷9 | 3 5
　　　　　3 / 3+5

❷　3+5=8

❸　9)‾3‾5‾
　　　　3 / 8

再来看一下三位数除以9的运算方法。

例2 141÷9=?

▲**解法**

❶ 商的第一位数是被除数141的第一位数1

❷ 商的第二位数是141的第一位数和第二位数的和

1+4=5

❸ 余数是141各位数相加之和

1+4+1=6

最终答案：商15余6

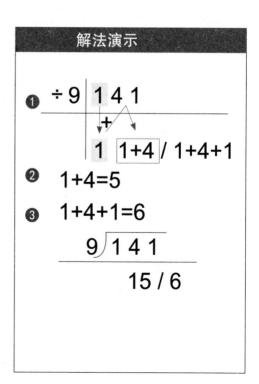

解法演示

❶ ÷9 | 1 4 1

1 | 1+4 / 1+4+1

❷ 1+4=5

❸ 1+4+1=6

9) 1 4 1

15 / 6

不管被除数是几位数，除以9时，它的个位除外，其余各个数位上的数字依次相加，把所得的和按顺序写出来就是商。我们来看一下四位数除以9的除法运算。

例3　2221÷9=?

▲解法

1 商的第一位数是2221的第一位数2
2 商的第二位数是2221第一位数和第二位数相加之和 2+2=4
3 商的第三位数是2221前三位数的总和 2 +2 +2=6
4 余数是2221的各位数相加之和 2 +2+2+1=7

　　最终答案：商246余7

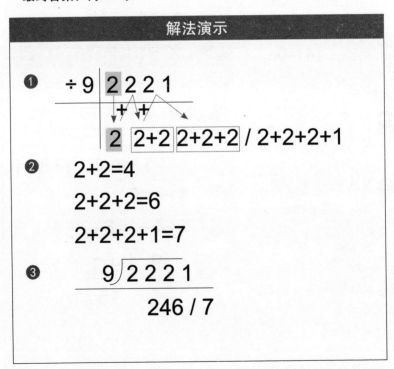

解法演示

1　÷9 2 2 2 1
　　　　+ +
　　　2 2+2 2+2+2 / 2+2+2+1

2　2+2=4
　　　2+2+2=6
　　　2+2+2+1=7

3　9√2221
　　　　246 / 7

130

这类题目有两种特殊情况，一种是被除数的总和等于9，另一种是被除数的总和大于9。如果总和等于9，说明刚好能够被9整除，在所得商的个位加上1即可；如果总和大于9，就继续除以9，将商与前几步所得的商按位相加作为最终的商，所得的余数作为最终的余数即可。

例4 682÷9=?

▲解法

❶ 682的第一位数是6

❷ 682第一位数与第二位数的和是14，这时需要进位，所以商就是74

❸ 余数就是682各位数相加之和
6+8+2 =16

❹ 16里包含一个9
16÷9 商1余7,74+1=75

最终答案：商75余7

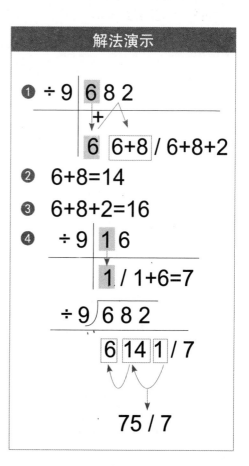

解法演示

❶ ÷9 | 6 8 2

6 | 6+8 / 6+8+2

❷ 6+8=14

❸ 6+8+2=16

❹ ÷9 | 1 6

1 / 1+6=7

÷9⟌6 8 2

6 14 1 / 7

75 / 7

88÷9=

答案

❶ 88第一个数是8，8+8=16

❷ 16÷9商1余7

❸ 8+1=9

最终答案：商9余7

478÷9=

答案

❶ 478的第一个数是4，4+7=11

❷ 4和11按位相加得51

❸ 4+7+8=19，19÷9商2余1

51+2=53

最终答案：商53余1

1949÷9=

答案

❶ 1949的第一个数是1，1+9=10，

1和10按位相加得20

❷ 1+9+4=14，20和14按位相加得214

❸ 1+9+4+9=23，23÷9商2余5

❹ 214+2=216

最终答案：商216余5

❶ 56 ÷ 9=

❷ 34 ÷ 9=

❸ 131 ÷ 9=

❹ 583 ÷ 9=

❺ 1113 ÷ 9=

❻ 74 ÷ 9=

❼ 62 ÷ 9=

❽ 452 ÷ 9=

❾ 673 ÷ 9=

❿ 441 ÷ 9=

蒲丰试验

　　一天，法国数学家蒲丰请许多朋友到家里，做了一次试验。蒲丰在桌子上铺好一张大白纸，白纸上画满了等距离的平行线，他又拿出很多等长的小针，小针的长度都是平行线的一半。蒲丰把小针分给朋友们，对他们说："请大家把这些小针往这张白纸上随便扔吧！"朋友们觉得很有趣，就按他说的做了。

　　蒲丰的统计结果是：大家共掷2212次，其中小针与纸上平行线相交704次，2210÷704≈3.142。蒲丰说："这个数是 π 的近似值。投掷的次数越多，求出的圆周率近似值越精确。"这就是著名的"蒲丰试验"。

5. 先乘后除，以乘法简化除法

　　运用补数思想将数字转化成整十、整百或整千的数来简化运算，是印度数学的一个重要法则，在很多数学运算中都通用。在被除数或者除数的个位数是5的除法运算中，就可以把个位数是5的数乘以某个偶数，使其变成整十或整百、整千的数，这样就简化了运算难度，变得好除了。

印度算诀

除数个位数字为5的除法运算：

步骤1 将除数乘以某个偶数变成整十或整百的数；

步骤2 用被除数除以所得的整十或整百的数；

步骤3 将所得的商乘以同一个偶数。

例1　3846÷5=?

▲解法

❶ 被除数3846的最后一
个数字是6，除数是
5，除不尽，把除数5
乘以2，就比较简单了
5×2=10

❷ 用3846除以10
3846÷10商384余6

❸ 所得结果乘以2
384×2=768,6×2=12

❹ 12大于10可再除
12÷10=6÷5商1余1
将结果合并：
768+1=769

最终答案：商769余1

解法演示

❶ 5× 2 =10

❷ ÷ 10 | 3 8 4 6
　　　 | 384 / 6

❸ 384× 2 =768
　 6× 2 =12

❹ $\dfrac{12}{10} = \dfrac{6}{5}$ 商 1 余1

5⟌3 8 4 6
7 6 8 1 / 1

769 / 1

例2 3625÷45=?

▲解法

① 将两边变成比较整的数字
3625 × 2=7250
45 × 2=90

② 除以10，把数字变小
7250 ÷ 10=725
90 ÷ 10=9

③ 725除以9，可以使用9的除
法法则速算出答案：$80\frac{5}{9}$
除数还原成45，即为$80\frac{25}{45}$
最终答案：商80余25

解法演示

① $3625× 2 =7250$
$45× 2 =90$

② $\dfrac{7250}{90} = \dfrac{725}{9}$

③ $÷9$ | 7 2 5
$\boxed{7}$ 9 / 7+2+5=14

④ $÷9$ | 1 4
1 / 1+4=5

⑤ $9× 5$) 3 6 2 5
79 1 / 5×5

80 / 25

思维强化

190÷5=

答案
190×2÷（5×2） =380÷10=38

760÷15=

答 案
760×2÷（15×2） =1520÷30 =50$\frac{10}{15}$ 最终为商50余10

4675÷25=

答 案
4675×4÷（25×4） =18700÷100 =187

❶ 156 ÷ 5=

❷ 475 ÷ 25=

❸ 2135 ÷ 5=

❹ 8185 ÷ 25=

❺ 745 ÷ 5=

❻ 7815 ÷ 25=

❼ 3110 ÷ 5=

❽ 7425 ÷ 25=

❾ 5445 ÷ 45=

❿ 655 ÷ 15=

参考答案

⑨商121
⑩商43余10

⑦商622
⑧商297

⑤商149
⑥商312余15

③商427
④商327余10

①商31余1
②商19

你的生日是星期几

下面所列的公式可以推算出某年某月某日是星期几，它是根据历法的原理得出来的：

$$S=x-1+\left[\frac{x-1}{4}\right]-\left[\frac{x-1}{100}\right]+\left[\frac{x-1}{400}\right]+c$$

公式中的x表示公元年数，c表示从这年元旦到该天为止（包括这天）的天数，$\left[\frac{x-1}{4}\right]$表示$\frac{x-1}{4}$的整数部分，余类同。

求出S的值后再用7来除，如结果为整数，这一天就是星期日；如果余1，则这一天就是星期一；余2就是星期二……以此类推。

例如，某人生于1954年2月16日，这一天是星期几？先用公式算出S的值：

$$S=1954-1+\left[\frac{1954-1}{4}\right]-\left[\frac{1954-1}{100}\right]+\left[\frac{1954-1}{400}\right]+47$$
$$=1953+488-19+4+47$$
$$=2473$$

再将S除以7，2473÷7商353余2，所以这一天是星期二。

动手算一算你的生日是星期几吧。

复习与检测

1. 乘法运算

两边一拉，邻位相加

针对11段乘法的速算法则。

$26 \times 11 = ?$

解法：

① 把26拆开，2和6写在两端，中间空出一个数位

2 □ 6

②把这个数各个数位上的数字依次相加

$2+6=8$

③ 把8填在2和6之间的空位上。

2 8 6

最终答案：286

十位数相同，个位数相加得10的两位数乘法

十位数相等，个位数相加等于10：十位数字乘以比它大1的数，后面直接写下个位数的乘积。

$67 \times 63 = ?$

解法：

① 十位数字乘以比它大1的数

$6 \times (6+1) = 6 \times 7 = 42$

②将两个数的个位数字相乘

$7 \times 3 = 21$

③按数位将前两步所得的乘积合在一起，42后面写上21就是4221

最终答案：4221

两位数平方速算法

$22^2 = ?$

解法：
①22接近的整十基数是20

22=20+2

②22加上它超出20的数值2

22+2=24

③基数20是底数10的2倍，将24乘以2

24×2=48

④算出22超出基数20的数值2的平方

$2^2 = 4$

⑤因为底数是10

48×10+4=484

最终答案：484

个位是5的两位数的平方速算

个位是5的两位数的平方运算：十位数字乘以比它大1的数，后面直接写25。

$95 × 95 = ?$

解法：
①十位上的数字乘以比它大1的数

9×(9+1)=90

②90后面写上25，就是9025

最终答案：9025

十位数相同，个位数任意的两位数乘法

15×17=?

解法：
①15加上17个位上的数字7，和乘以十位的整十数10
（15+7）×10=220
②个位数字5和7相乘
5×7=35
③将前两步的得数相加
220+35=255
最终答案：255

100～110之间的整数乘法

两个乘数都在100~110之间，被乘数加乘数的个位数字，后面直接写两个乘数个位数的乘积。

105×109=?

解法：
①被乘数105加上乘数109个位上的数字9
105+9=114
②两个数个位上的数字5、9相乘
5×9=45
③45写在114之后得11445
最终答案：11445

● **两边一拉，邻位相加**

❶ 27 × 11=

❷ 88 × 11=

❸ 92 × 11=

❹ 437 × 11=

❺ 662 × 11=

❻ 738 × 11=

❼ 1245 × 11=

❽ 2638 × 11=

❾ 3511 × 11=

参考答案	
	⑨38621
⑧29018	⑦13695
⑥8118	⑤7282
④4807	③1012
②968	①297

● **十位数相同，个位数相加得10的两位数乘法**

❶ 14 × 16=

❷ 21 × 29=

❸ 32 × 38=

❹ 43 × 47=

❺ 56 × 54=

❻ 62 × 68=

❼ 71 × 79=

❽ 88 × 82=

❾ 93 × 97=

参考答案

⑨9021
⑦5609   ⑤3024
⑧7216   ⑥4216
④2021   ③1216
②609   ①224

145

● 两位数平方速算法

❶ 64 × 64=

❷ 52 × 52=

❸ 38 × 38=

❹ 86 × 86=

❺ 93 × 93=

❻ 75 × 75=

❼ 15 × 15=

❽ 45 × 45=

❾ 25 × 25=

● 十位数相同，个位数任意的两位数乘法

❶ 12 × 15=

❷ 18 × 14=

❸ 16 × 13=

❹ 15 × 17=

❺ 19 × 12=

❻ 26 × 28=

❼ 34 × 37=

❽ 52 × 53=

❾ 85 × 88=

参考答案

⑨7480
⑦1258   ⑧2756
⑤228   ⑥728
④255   ③208
②252   ①180

147

- **100 ~ 110之间的整数乘法**

❶ 101 × 105=

❷ 102 × 106=

❸ 103 × 104=

❹ 104 × 109=

❺ 105 × 107=

❻ 106 × 108=

❼ 107 × 109=

❽ 108 × 103=

❾ 109 × 102=

148

2. 除法运算

除数是9时的速算法则

当除数是9时，运用法则将复杂的除法运算转化成简单的个位数的加法运算。

$141 \div 9 = ?$

解法：
①商的第一位数是被除数141的第一位数1
②商的第二位数是141的第一位数和第二位数的和
$1+4=5$
③余数是141各位数相加之和
$1+4+1=6$
最终答案：商15余6

先乘后除，以乘法简化除法

在被除数或者除数的个位数是5的除法运算中，就可以把个位数是5的数乘以某个偶数，将其变成整十或整百、整千的数再来运算。

$3846 \div 5 = ?$

解法：
①被除数3846的最后一个数字是6，除数是5，除不尽，把除数5乘以2，就比较简单了
$5 \times 2 = 10$
②用3846除以10
3846÷10商384余6
③所得结果乘以2
$384 \times 2 = 768$，$6 \times 2 = 12$
④12大于10可再除
12÷10=6÷5商1余1
将结果合并：
$768 + 1 = 769$
最终答案：商769余1

- **除数是9时的速算法则**

❶ 29 ÷ 9=

❷ 34 ÷ 9=

❸ 79 ÷ 9=

❹ 80 ÷ 9=

❺ 163 ÷ 9=

❻ 404 ÷ 9=

❼ 577 ÷ 9=

❽ 1759 ÷ 9=

❾ 3196 ÷ 9=

参考答案	
	⑨商355余1
⑦商64余1	⑧商195余4
⑤商18余1	⑥商44余8
③商8余7	④商8余8
①商3余2	②商3余7

● 先乘后除，以乘法简化除法

❶ 74 ÷ 5 =

❷ 135 ÷ 5 =

❸ 228 ÷ 5 =

❹ 252 ÷ 5 =

❺ 1240 ÷ 5 =

❻ 3242 ÷ 25 =

❼ 2480 ÷ 15 =

❽ 6926 ÷ 25 =

❾ 4536 ÷ 25 =

Part 4
头脑瑜伽
游戏式运算法

　　印度数学是一种独特的数学思维，它将发散性思维、逆向思维等创造性思维熔于一炉，发明了许多独特有趣的运算方法。印度数学也因其轻松有趣的特点，被人们称为"头脑瑜伽放松操"。它向人们展示了数学王国的另一种风景：数学不只是无限烦琐的逻辑运算，它也可以像游戏一样好玩、有趣。

1. 格子算法

画好方格，在里面填数字，这种计算方式让人想起在方格砖上的跳房子游戏，或者和伙伴在方格本上连五子棋……

印度算诀

格子算法：

步骤1 画好格子，填入加数；

步骤2 依次将两个加数相同数位上的数字相加，答案写在交叉格子内，交叉格子里的数字满十，须向前一位进1；

步骤3 从高位向低位，将各个数位上的数字和依次相加。

注意： 印度数学格子算法的运算顺序是从高位到低位，这刚好与我们习惯的顺序相反。

例1 35+26=?

▲解法

① 画好格子,按如下格式填入加数35和26，箭头所指处要空出来

+	↓	3	5
2			
6			
答			

② 将35和26相同数位上的数字相加

先加十位上的数字

+		3	5
2	→	5↓	
6			
答			

再加个位上的数字

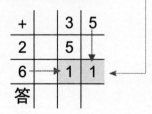

+		3	5
2		5	
6	→	1	1
答			

③ 从十位向个位，将各个数位上的数字和依次相加

+		3	5
2		5	
6		1↓	1↓
答		6	1

最终答案： 61

注意： 11满10，个位上的1写在交叉格子里，十位上的1写在前一个格子中。

154

例2 457+214=?

▲解法

1 画好格子，按如下格式填入加数457和214

+		4	5	7
2				
1				
4				
答				

最后加个位上的数字

+		4	5	7
2		6		
1			6	
4			1	1
答				

2 将457和214相同数位上的数字相加

先加百位上的数字

+		4	5	7
2	→	6		
1				
4				
答				

再加十位上的数字

+		4	5	7
2		6		
1	→		6	
4				
答				

3 从百位向个位，将各个数位上的数字和依次相加

+		4	5	7
2		6		
1			6	
4			1	1
答		6	7	1

最终答案：671

例3 2769+35=?

▲解法

❶ 画好格子，按如下格式填入加数2769和35

+		2	7	6	9
0					
0					
3					
5					
答					

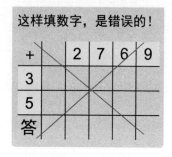

注意：把两个位数不同的加数填入格子时，一定要记得用0把缺少的数位补齐，使两个加数拥有相同的位数，然后再计算。

❷ 将2769和35相同数位上的数字相加

先加千位上的数字

+		2	7	6	9
0 →	2				
0					
3					
5					
答					

再加百位上的数字

+		2	7	6	9
0	2				
0 →		7			
3					
5					
答					

| 再加十位上的数字 | | | | 最后加个位上的数字 | | | |

+	2	7	6	9
0	2			
0		7		
3			9	
5				
答				

+	2	7	6	9
0	2			
0		7		
3			9	
5			1	4
答				

3 从千位向个位，将各个数位上的数字和依次相加

+	2	7	6	9
0	2			
0		7		
3			9	
5			1	4
答	2	7	10	4

注意： 十位满10，需要向百位进1。

最终答案： 2804

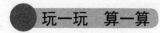

玩一玩 算一算

注意：游戏时，先盖住右边的答案，遇到困难时再参看。

1. 两位数加法

❶ 48+25=

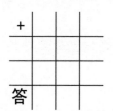

答 案		
+	4	8
2	6	
5	1	3
答	7	3

最终答案: 73

❷ 71+23=

答 案		
+	7	1
2	9	
3		4
答	9	4

最终答案: 94

158

❸ 27+43=

❹ 56+88=

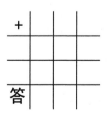

❺ 94+31=

❻ 89+96=

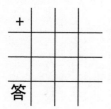

答	案		
+		8	9
9	1	7	
6		1	5
答	1	8	5

最终答案：185

2. 三位数加法

❶ 104+236=

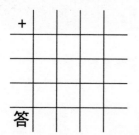

答	案		
+	1	0	4
2	3		
3		3	
6		1	0
答	3	4	0

最终答案：340

❷ 347+271=

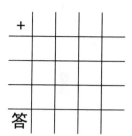

❸ 466+798=

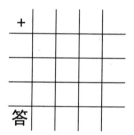

❹ 539+618=

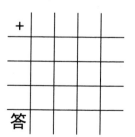

❺ 815+299=

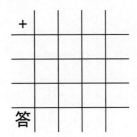

		答案		
+		8	1	5
2	1	0		
9		1	0	
9			1	4
答	1	1	1	4

最终答案：1114

❻ 709+634=

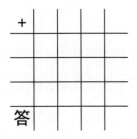

		答案		
+		7	0	9
6	1	3		
3			3	
4			1	3
答	1	3	4	3

最终答案：1343

3. 四位数加法

❶ 1032+2431=

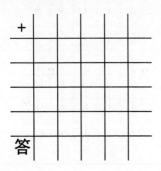

		答案		
+		1	0	3	2
2	3			
4		4		
3			6	
1				3
答		3	4	6	3

最终答案：3463

❷ 3497+3506=

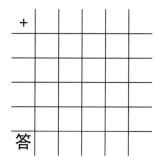

+				
答				

答案

+	3	4	9	7
3	6			
5		9		
0			9	
6			1	3
答	6	9	10	3

最终答案：7003

❸ 5117+6238=

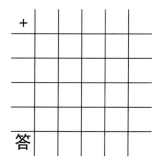

+				
答				

答案

+		5	1	1	7
6	1	1			
2			3		
3				4	
8				1	5
答	1	1	3	5	5

最终答案：11355

❹ 7025+4633=

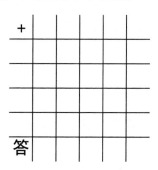

+				
答				

答案

+		7	0	2	5
4	1	1			
6			6		
3				5	
3					8
答	1	1	6	5	8

最终答案：11658

❺ 8276+9045=

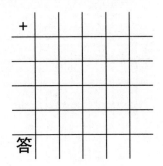

答

答 案				
+	8	2	7	6
9	1	7		
0			2	
4			1	1
5				1	1
答	1	7	3	2	1

最终答案：17321

❻ 9286+9540=

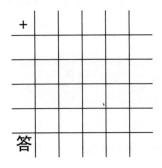

答

答 案				
+	9	2	8	6
9	1	8		
5			7	
4			1	2
0				6
答	1	8	8	2	6

最终答案：18826

4. 不同数位加法

注意：计算前一定要先补齐数位！

❶ 94+7=

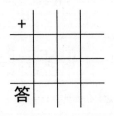

答

答 案		
+	9	4
0	9	
7	1	1
答	10	1

最终答案：101

164

❷ 308+95=

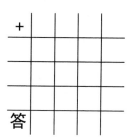

+

答

答 案			
+	3	0	8
0	3		
9		9	
5		1	3
答	3	10	3

最终答案：403

❸ 47+566=

+

答

答 案			
+	0	4	7
5	5		
6	1	0	
6		1	3
答	6	1	3

最终答案：613

❹ 1314+88=

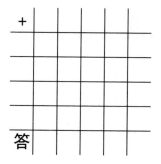

+

答

答 案				
+	1	3	1	4
0	1			
0		3		
8			9	
8			1	2
答	1	3	10	2

最终答案：1402

⑤ 6590+435=

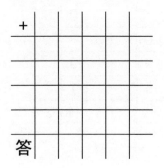

答案				
+	6	5	9	0
0	6			
4		9		
3		1	2	
5				5
答	6	10	2	5

最终答案：7025

⑥ 969+7521=

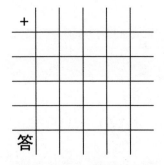

答案				
+	0	9	6	9
7	7			
5	1	4		
2			8	
1			1	0
答	8	4	9	0

最终答案：8490

提示：除了好玩，格子算法的另外一个优点不知道你发现没有：因为每个数字都要规范地填入对应的格子，清晰的格子帮助我们避免了因对错数位而导致的计算错误。

动物中的数学"天才"

　　蜜蜂蜂房是严格的六角柱状体，它的一端是平整的六角形开口，另一端是封闭的六角菱锥形的底，由三个相同的菱形组成。组成底盘的菱形的钝角为109度28分，所有的锐角都是70度32分，这样既坚固又省料。丹顶鹤总是成群结队地迁飞，而且排成"人"字形。"人"字形的角度是110度。更精确的计算还表明，"人"字形夹角的一半，即每边与鹤群前进方向的夹角为54度44分8秒！而金刚石结晶体的角度正好也是54度44分8秒！是巧合还是某种大自然的"默契"？蜘蛛结的"八卦"形网，是既复杂又美丽的八角形几何图案，人们即使用直尺和圆规也很难画出像蜘蛛网那样匀称的图案。冬天，猫睡觉时总是把身体抱成一个球形，这其间也有数学，因为球形使身体的表面积最小，从而散发的热量也最少。真正的数学"天才"是珊瑚虫，珊瑚虫在自己的身上记下"日历"，它们每年在自己的体壁上"刻画"出365条斑纹，显然是一天"画"一条。奇怪的是，古生物学家发现3.5亿年前的珊瑚虫每年"画"出400条斑纹。天文学家告诉我们，当时地球上一天仅有21.9小时，一年不是365天，而是400天。

2. 三角魔方

　　就像玩字谜游戏一样，只要在三角空格中填上数字，乘法算题立即解决！乍一看，你像是在玩魔方或者三角形的拼图，非常神奇！

　　如果有人在旁边看到解题过程，他一定以为你是在玩一个高级的字谜游戏，但其实你不过是在利用九九乘法口诀算算术。

　　这种方法不仅看起来形态迥异，富有生趣，填三角空格的过程本身也相当过瘾，让人爱不释手……

印度算诀

三角魔方里的乘法运算：

步骤1 画好格子，填入数字；

步骤2 从高位向低位依次将两个乘数各个数位上的数字相乘，答案写在交叉格子内，每个三角空格只填一个数字，十位数字在上，个位数字在下；

步骤3 把填入三角空格的数字斜向相加，和就是最终结果。

实战示例

例1 54×25=?

▲解法

1 画好格子，按如右图所示格式填入乘数54和25

2 将54和25各个数位上的数字相乘，乘积写在交叉点的方格内，上边的三角空格内填十位数字，下边的三角空格内填个位数字

3 把填入三角空格的数字斜向相加，和就是最后的结果

最终答案： 1350

解法演示

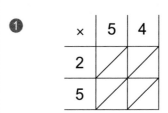

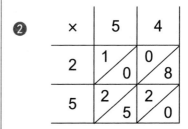

注意： 交叉格子中的乘积如果小于10，一定要在上面的三角空格里填上0。

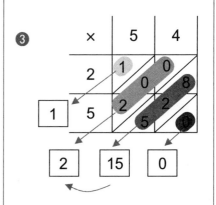

注意： 大于10的数位要向前进位。

例2 527×196=?

▲解法

❶ 画好格子，按如右图所示格式填入乘数527和196

❷ 将527和196各个数位上的数字相乘，乘积写在交叉点的方格内，上边的三角空格内填十位，下边的三角空格内填个位

❸ 把填入三角空格的数字斜向相加，和就是最后的结果

最终答案：103292

解法演示

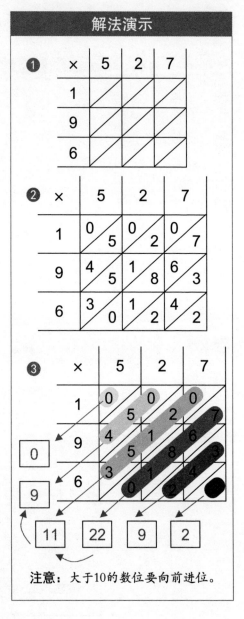

注意： 大于10的数位要向前进位。

170

例3   4703×86=?

▲解法

❶ 画好格子，按如右图所示格式填入乘数4703和86

❷ 将4703和86各个数位上的数字相乘，乘积写在交叉点的方格内，上边的三角空格内填十位数字，下边的三角空格内填个位数字

❸ 把填入三角空格的数字斜向相加，和就是最后的结果

最终答案：404458

解法演示

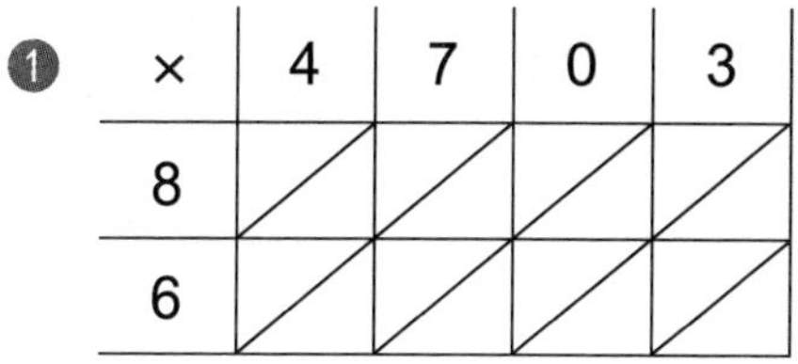

❶

×	4	7	0	3
8				
6				

注意：乘法三角算法无须补齐数位。

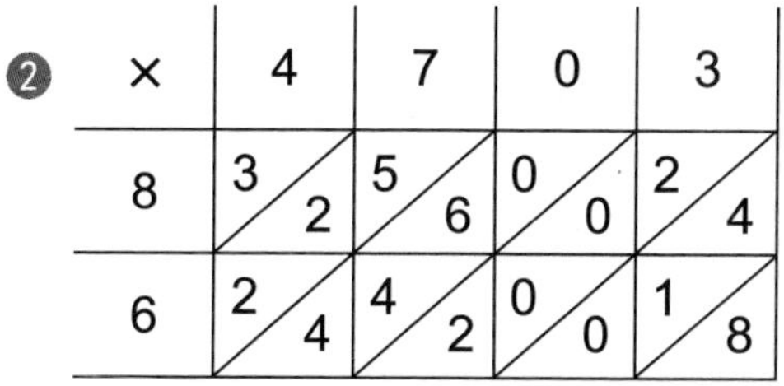

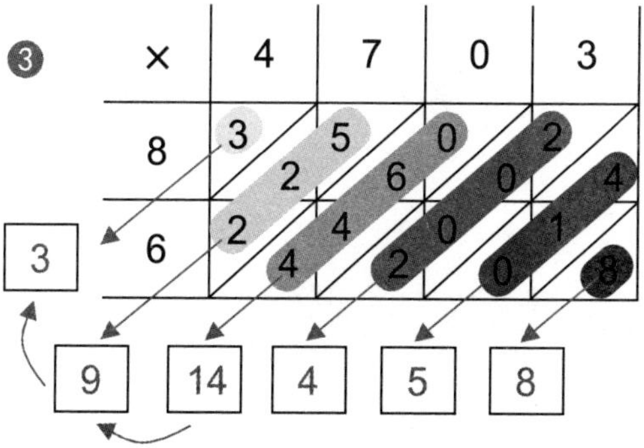

❷

×	4	7	0	3
8	3 / 2	5 / 6	0 / 0	2 / 4
6	2 / 4	4 / 2	0 / 0	1 / 8

❸

×	4	7	0	3
8	3 / 2	5 / 6	0 / 0	2 / 4
6	2 / 4	4 / 2	0 / 0	1 / 8

3

9	14	4	5	8

注意：大于10的数位要向前进位。

171

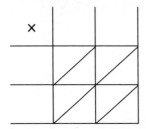

玩一玩　算一算

注意：游戏时先盖住右边的答案，遇到困难时再参看。

1. 两位数乘法

❶ 12 × 57=

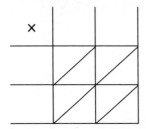

解法演示

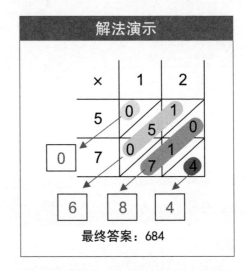

最终答案：684

❷ 26 × 39=

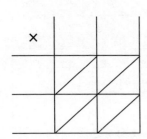

解法演示

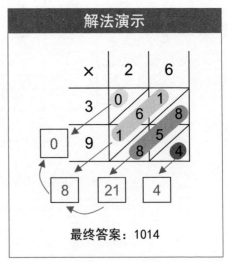

最终答案：1014

❸ 44 × 67 =

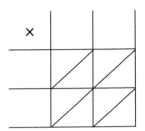

解法演示

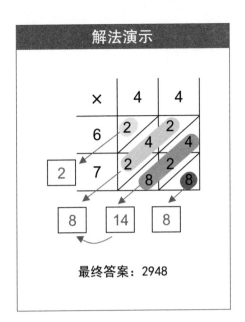

最终答案：2948

❹ 82 × 33 =

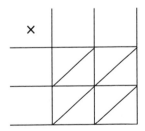

解法演示

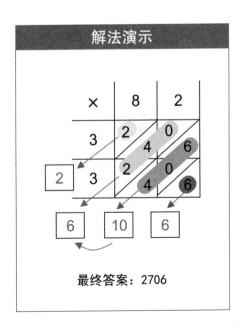

最终答案：2706

❺ 71 × 52 =

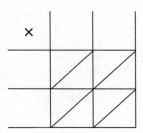

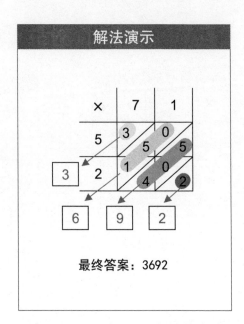

解法演示

最终答案：3692

❻ 89 × 98 =

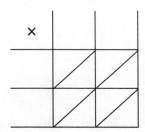

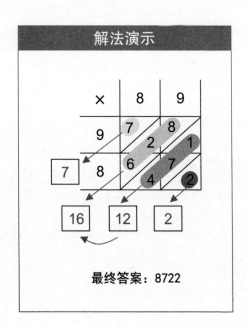

解法演示

最终答案：8722

2. 三位数乘法

❶ 142 × 206=

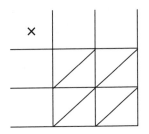

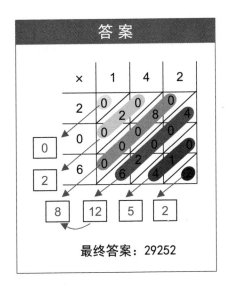

答案

最终答案: 29252

❷ 217 × 335=

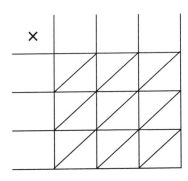

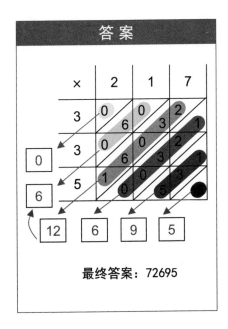

答案

最终答案: 72695

❸ 738 × 522 =

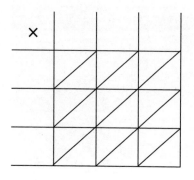

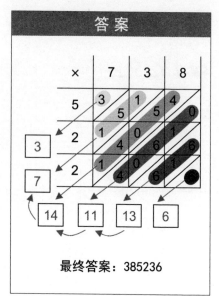

答案

最终答案：385236

❹ 641 × 790 =

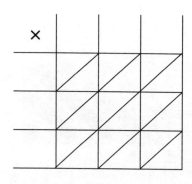

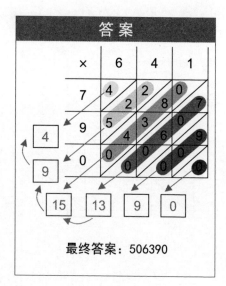

答案

最终答案：506390

❺ $828 \times 414 =$

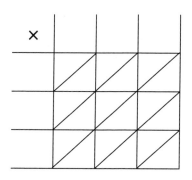

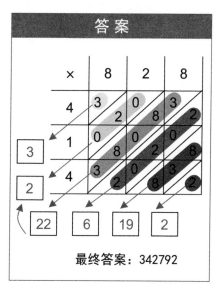

答案

×	8	2	8
4	3 2	0 8	3 2
1	0 8	0 2	0 8
4	3 2	0 8	3 2

3

2

22 6 19 2

最终答案：342792

❻ $915 \times 943 =$

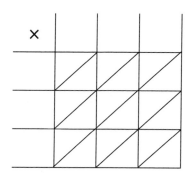

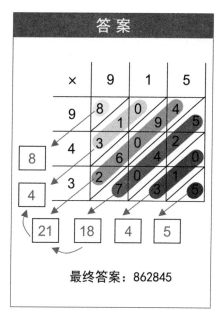

答案

×	9	1	5
9	8 1	0 9	4 5
4	3 6	0 4	2 0
3	2 7	0 3	1 5

8

4

21 18 4 5

最终答案：862845

3. 不同数位乘法

❶ 341 × 22=

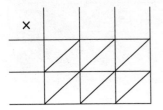

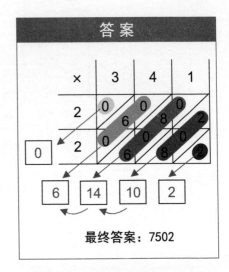

答案

最终答案：7502

❷ 517 × 81=

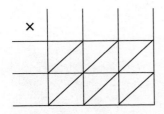

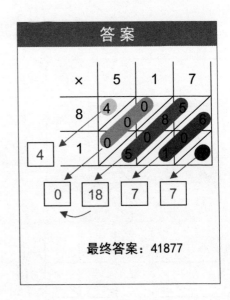

答案

最终答案：41877

❸ 8076 × 5=

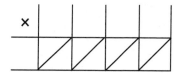

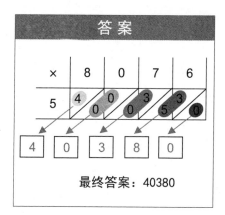

答案

×	8	0	7	6
5	4 0	0 0	3 5	3 0

4	0	3	8	0

最终答案：40380

❹ 4687 × 39=

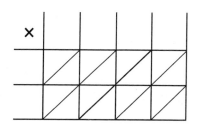

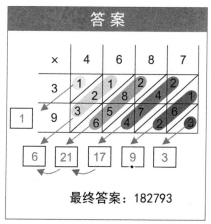

答案

×	4	6	8	7
3	1 2	1 8	2 4	2 1
9	3 6	5 4	7 2	6 3

1

6	21	17	9	3

最终答案：182793

❺ 3201 × 46=

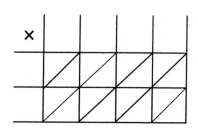

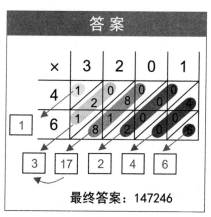

答案

×	3	2	0	1
4	1 2	0 8	0 0	0 4
6	1 8	1 2	0 0	0 6

1

3	17	2	4	6

最终答案：147246

179

❻ 7001 × 233 =

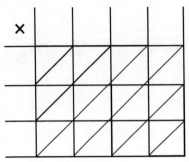

答案

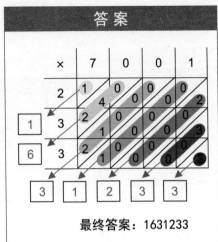

最终答案：1631233

幻方

幻方又叫纵横图，是一种很有意思的组合数学。幻方的每一行、列，甚至对角线上的所有数字相加之和都相等。最著名的幻方是三阶幻方，在我国又被称为"九宫图"，如下图所示：

2	9	4
7	5	3
6	1	8

在这个三阶幻方中，每一行、每一列、每条对角线上的数字相加之和都是15。

中国数学之最

最早的记数方法——结绳记事

最早使用"0"概念的人——南宋的秦九韶

最早使用圆周率的人——东汉天文学家张衡，$\pi = 3.1662$

最早推算出圆周率精密数值的人——祖冲之，推算出 π 在 3.1415926和3.1415927之间

最早的计算器——算盘，出现于唐宋时期

最早的数学著作——《周髀算经》，成书于公元前1世纪

最早研究不定方程的数学专著——《九章算术》

最早发现勾股定理的人——周朝的商高

最早严格证明勾股定理的人——三国时期的数学家赵爽

3. 结网计数

　　古人采用结绳的方式记忆数据和事件，古代印度数学也有一种类似的结网计算的方法：只要数一数线段的结点，就连背不出九九乘法口诀的孩子也能很快得到乘法算术题的答案。你想不想尝试一下这种神奇而古老的计算方法？不用准备绳子，只要拿起一支笔就可以了。

印度算诀

结网乘法运算法：

步骤1 沿从左上到右下的方向，画若干组线段依次表示被乘数高位到低位上的数字；

步骤2 沿从左下到右上的方向，画若干组线段依次表示乘数从高位到低位上的数字；

步骤3 从左往右数每一竖列上结点的个数，它们各自代表着乘积的一个数位，连在一起就是最终答案。

实战示例

例1 12×31=?

▲解法

1 画线表示被乘数12；在左上角画一条线段，表示十位数字1；右下角画两条线段，表示个位数字2

2 画线表示乘数31；在左下角画三条线段，表示十位数字3；右上角画一条线段，表示个位数字1

3 依次数线网左、中、右三竖列上的结点个数，左列结点的个数之和3对应最终答案的百位数，中列结点的个数之和7对应最终答案的十位数，右列结点的个数之和2对应最终答案的个位数

最终答案：372

看，线段交叉构成的图形像不像一张网！

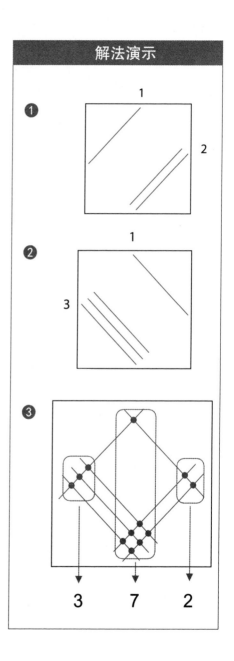

解法演示

①

②

③

3   7   2

例2 22×14=?

▲解法

① 画线表示被乘数22：在左上角画两条线段，表示十位数字2；右下角画两条线段，表示个位数字2

② 画线表示乘数14：在左下角画一条线段，表示十位数字1；右上角画四条线段，表示个位数字4

③ 依次数出线网左、中、右三竖列上的结点个数，左列结点的个数之和2对应最终答案的百位数，中列结点的个数之和10对应最终答案的十位数，右列结点的个数之和8对应最终答案的个位数

最终答案：308

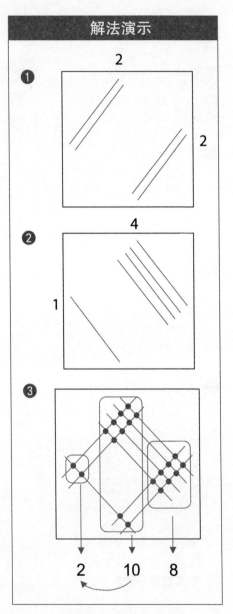

解法演示

注意：十位数字满10，向百位进1。

184

112×231=?

▲解法

❶ 画线表示被乘数112：
在左上角画一条线段，
表示百位数字1；中间
画一条线段，表示十位
数字1；右下角画两条
线段，表示个位数字2

❷ 画线表示乘数231：在
左下角画一条线段，表
示百位数字2；中间画
三条线段，表示十位数
字3；右上角画一条线
段，表示个位数字1

❸ 从左到右依次数出线网
各竖列上的结点个数，
第一列结点的个数之和
2对应最终答案的万位
数，第二列结点的个数
之和5对应最终答案的
千位数，第三列结点的
个数之和8对应最终答
案的百位数，第四列结
点的个数之和7对应最
终答案的十位数，第五
列结点的个数之和2对
应最终答案的个位数

最终答案： 25872

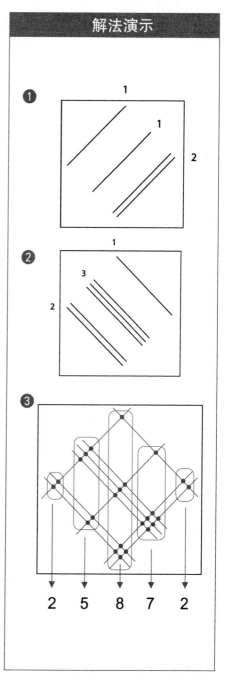

解法演示

注意：游戏时先盖住右边的答案，遇到困难时再参看。

1. 两位数乘法

❶ 11×21=

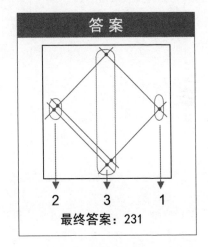

答案

2　3　1

最终答案：231

❷ 13×12=

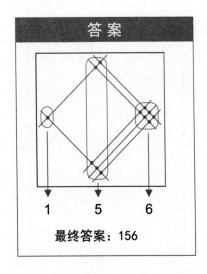

答案

1　5　6

最终答案：156

❸ 12 × 14=

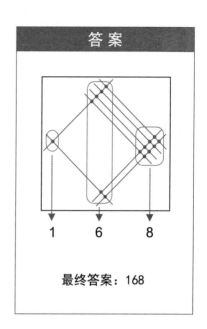

答案

1   6   8

最终答案：168

❹ 23 × 31=

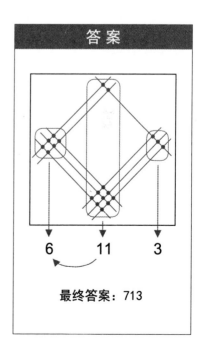

答案

6   11   3

最终答案：713

❺ 51 × 21 =

答 案

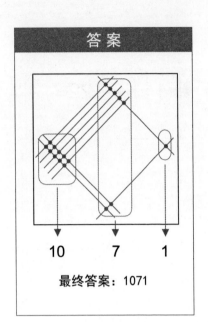

10   7   1

最终答案：1071

❻ 42 × 15 =

答 案

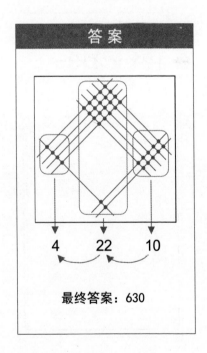

4   22   10

最终答案：630

2. 三位数乘法

❶ 111 × 122＝

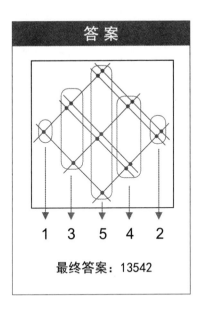

答 案

1 3 5 4 2

最终答案：13542

❷ 121 × 213＝

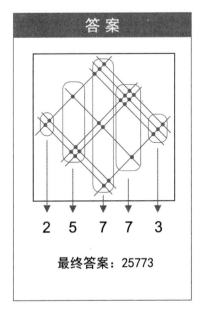

答 案

2 5 7 7 3

最终答案：25773

❸ 214 × 321 =

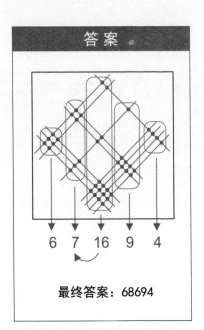

答案

6 7 16 9 4

最终答案：68694

❹ 221 × 312 =

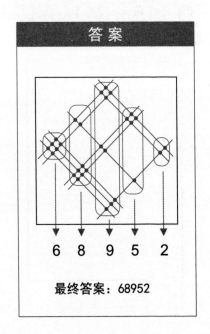

答案

6 8 9 5 2

最终答案：68952

❺ 412 × 241=

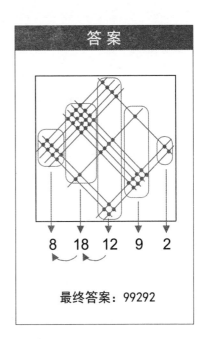
❻ 115 × 311=

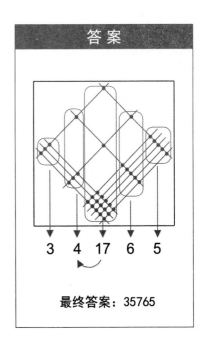

缺失的诺贝尔数学奖

在众多的世界级科学奖励中，诺贝尔奖是级别最高的奖项。但诺贝尔奖却没有设数学奖。为什么没有诺贝尔数学奖？这是一个长久以来引起人们各种猜测也带来诸多争议的问题。

一个广为流传也比较八卦的说法是，诺贝尔曾向一位女士求婚，而这位女士却嫁给了一个叫米泰莱弗勒的数学家，诺贝尔因此耿耿于怀，于是不设数学奖。然而，谁都拿不出支持这种解释的证据，虽然诺贝尔终身未娶。诺贝尔立下那份著名的遗嘱，捐出自己所有的财产设立诺贝尔奖，他的胸怀是何等的博爱与伟大，说他因早年的个人恩怨而不设数学奖未免太荒谬。

史学家们给出了一些可信的解释：诺贝尔生活于19世纪，当时的高等数学主要是一些理论性的东西，不为崇尚实用主义的诺贝尔所关注；而且诺贝尔所从事的化学领域研究，当时一般也不需要高等数学。受所处的时代和自身科学观的影响，诺贝尔没有预见到数学在推动科学发展上所起的巨大作用，因而忽视了数学，未设立数学奖。

目前，世界级的著名数学奖有两个：一个是菲尔兹奖，另一个是沃尔夫奖。